くじらとくっかるの島めぐり

あまみの甘み あまみの香り

奄美大島・喜界島・徳之島・沖永良部島・与論島と
黒糖焼酎をつくる全25蔵の話

鯨本あつこ　石原みどり

西日本出版社

What is 黒糖焼酎

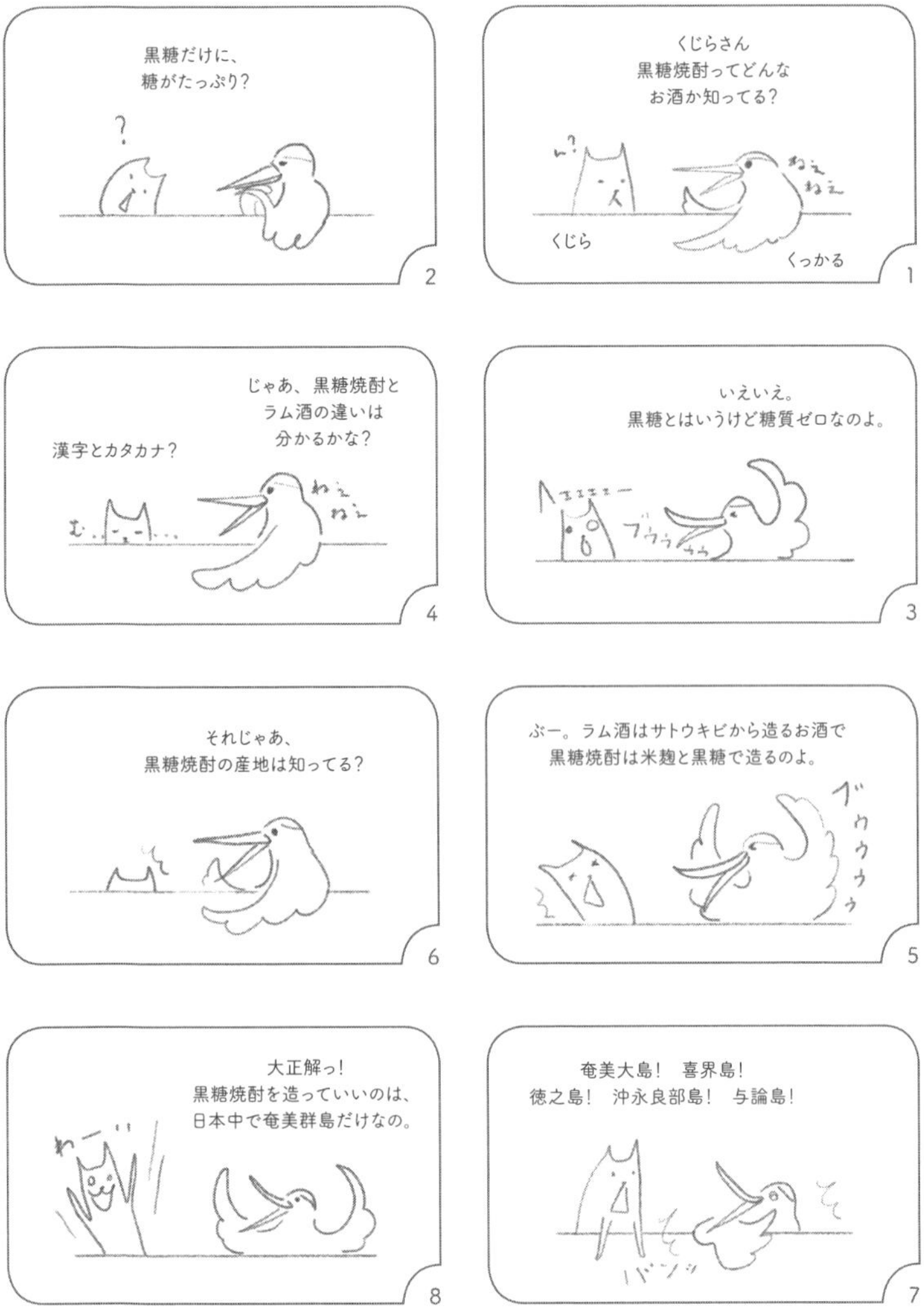

どうして黒糖焼酎は奄美群島だけなのか?
巻末の資料もご覧ください。

奄美群島へ渡るには……

● 飛行機で移動するには？

羽田空港〜奄美空港　約2時間10分
成田空港〜奄美空港　約2時間35分
伊丹空港〜奄美空港　約1時間45分
福岡空港〜奄美空港　約1時間20分
鹿児島空港〜奄美空港　約1時間5分
奄美空港〜喜界空港　約20分
奄美空港〜徳之島空港　約35分
奄美空港〜沖永良部空港　約40分
奄美空港〜与論空港　約45分
奄美空港〜那覇空港　約1時間10分

● 船で移動するには？

鹿児島（鹿児島港）〜奄美大島（名瀬港）　約11時間
鹿児島（鹿児島港）〜喜界島（湾港）　約11時間10分〜約12時間
奄美大島（名瀬港）〜喜界島（湾港）　約2時間10分
奄美大島（名瀬港）〜徳之島（亀徳港）　約3時間20分
徳之島（亀徳港）〜沖永良部島（和泊港）　約1時間50分
沖永良部島（和泊港）〜与論島（与論港）　約1時間40分
与論島（与論港）〜沖縄（本部港）　約2時間30分
与論島（与論港）〜沖縄（那覇港）　約4時間20分

※時期によって変更があります。

あまみの甘み　あまみの香り

奄美大島　17

喜界島

おいしい
黒糖焼酎を求めて、
いざ島めぐりへ！

はじめに

「奄美《あまみ》の香り」というと、どんなイメージだろうか？

もしも奄美群島《あまみぐんとう》のいずれかの島を知っている人（あるいは、ゆかりのある人）なら、あれかな、これかなと、記憶の引き出しを開け閉めしているかもしれない。でも、いずれの島にもゆかりがなく、行ったこともないとしたら、たぶん首をかしげていることだろう。

そして、同じように「奄美の甘み」とはどんな味かと聞かれたら……。

この本は、日本の島々に少しだけ詳しい「くじら」こと私と、奄美大島《あまみおおしま》に暮らしていた「くっかる」が、奄美群島にある5つの島と、そこで造られている島酒・黒糖焼酎をめぐりながら綴った本である。

この本を開いたあなたは、奄美群島にお住まいの人、奄美群島出身の人、奄美群島が大好きな人、奄美群島に行ってみたいと思っている人、あるいは、たまたまこの本を手に取った人かもしれない。いずれの人でも、この本を通して奄美群島の新しい魅力や知らなかった事柄に、少しでも触れてもらえたら幸いです。

「くじら」の愛称はペンネームの鯨本（いさもと）に由来。猫の姿をしているのは、自由きままに動きまわるせいで「猫か」と言われるため。

「くっかる」は夏場に奄美群島へ飛来する「リュウキュウアカショウビン」に由来。島の方言で「くっかる」と呼ばれている。
※2人の詳しいプロフィールは巻末をご覧ください

奄美群島という会員制ラウンジ

くじらは普段、日本に約400島もある有人離島専門のメディアをつくっている。それだけに、取材やら講演やらプライベートな島旅やらで、あちこちの島に出かけていて奄美群島にもよく足を運んでいた。

奄美群島《あまみぐんとう》は、鹿児島と沖縄の間、南北200キロメートルの間に浮かぶ8つの有人離島からなる島々である。

一番北は奄美大島《あまみおおしま》で、その南側に加計呂麻島《かけろまじま》、請島《うけしま》、与路島《よろしま》の3島が連なり、東側に喜界島《きかいじま》が浮かび、奄美大島から少し南下したところに、徳之島《とくのしま》、沖永良部島《おきのえらぶじま》、与論島《よろんじま》の3島がある。

どの島も鹿児島県に属するが、一番南の与論島は沖縄本島の島影がくっきりと見えるほど沖縄に近くて、逆にいくら目をこすっても鹿児島市内を見ることはできない。

くじらがはじめて奄美大島に行ったのは2012年のことで、そこで、のちにこの本を一緒に綴ることになる「くっかる」と出会った。

当時、くっかるは奄美群島観光物産協会で働いていた。出会いのきっかけは、くっかるの仕事場にくじらが立ち寄り、挨拶をしたことだったが、その数ヶ月後に、くっかるがくじら

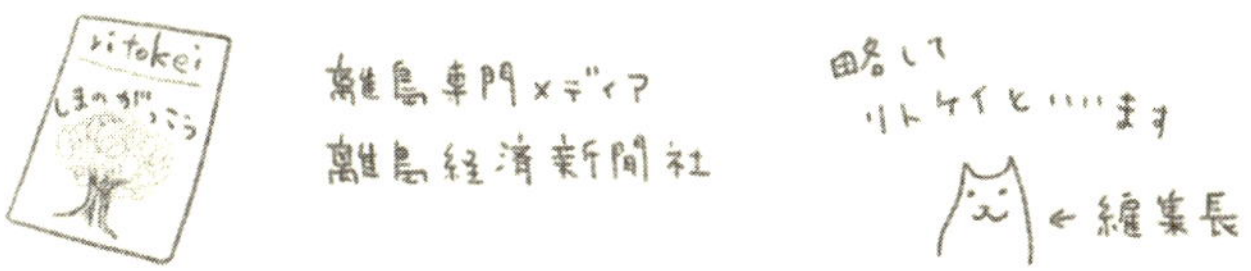

にある仕事を依頼したことが、今につながった。

その仕事は、「奄美群島の島人たちが自分で情報発信を行うためのメディアづくり研修」。奄美大島、喜界島、徳之島、沖永良部島、徳之島の5島に暮らす島人で新聞づくりを行おう！　というものだった。メディアづくりの講師役を頼まれたくじらは、喜んで引き受け、仕事にもかかわらず浮かれた足取りで、奄美群島の島々へ出かけていった。

羽田空港から飛行機で約2時間。日本の亜熱帯性気候の北限域にある島だけに、飛行機のタラップを降りた瞬間、南の島らしくむわっとした暖かさが「ようこそ」とばかりに迎え入れてくれる。

最近でこそ、成田空港から格安航空会社の飛行機が飛んでいるので、航空会社のキャンペーンにのっかれば、片道3000円程度（！）で渡ることもできる。しかし、格安航空で行けるのは奄美大島だけだし、他の島に渡るには、鹿児島空港、奄美空港、那覇空港のいずれを経由するか、大型フェリーでのんびり渡るしかないから、場合によってはハワイ旅行に行くよりも、時間とお金がかかることもある。

それに、沖縄本島や宮古島《みやこじま》、石垣島《いしがきじま》に比べると、飛行機の便数が少ないので、島で行事やイベントがあるタイミングにかさなると、チケットが確保できないなんてこともありえるから、気軽に行ける場所かと言われると、そこまで気軽ではない。

ただ、「そこまで気軽ではない」かどうかは考え方次第だし、おかげで得られる宝があると、くじらは思っている。

島に限った話ではないが、たとえば、お客さんの多い観光地だと、ターミナルのチケット売り場にはじまり、宿からレストランまで、どこもかしこもたくさんの人でごった返していてさわがしい。一方、「そこまで気軽ではない」場所は、いうなれば会員制ラウンジのような場所で、ゆったり静かな空間に身を置くことができる。

会員制ラウンジといっても、奄美群島には、来島者が王様のようにふるまうことのできる「至れり尽くせりのサービス」がたっぷりあるわけではない。島々で味わえるのは、たとえば古き良き日本にタイムスリップしたかのような街並みや、手付かずの大自然。色鮮やかな伝統文化や、そこにしかない素朴な香りや味、出会う人々の温かさなど。集落ごとに異なる個性にも「あっ」とおどろくことができる。

そして何より「都会の喧騒」がない。都会から訪れた人なら、日頃、自分の心を守るために、閉じ気味にしている五感を少しずつ広げて、そこにある景色、音、手触り、匂い、味、に少しずつ触れていき、その空気に慣れてきたら五感を全開にして、思いっきり深呼吸。自分の力で地球の上に立ち、生きている感覚を取り戻す……。そんなことができる場所なのだ。

島々の個性

日本にはいろんな個性を持つ地域があるけれど、離島地域の場合、外部から入ってくるものごとのすべてが、海を渡ってこなければならないから、独自の進化を遂げた動物が暮らすガラパゴス島のように、それぞれの色が保たれやすい。

日本に約４００島ある有人離島は、たとえ隣同士にある島でも、立地、地形、住んでいる動物、植物、人々の歴史、文化などが違えば、島の個性も変わるので、一言に奄美群島といってもそれぞれの島の個性は全然違っている。その違いを『奄美群島時々新聞《あまみぐんとうときどきしんぶん》』をつくった記憶をたどりながら紹介したい。

最近でこそ、奄美群島の島々について書かれたメディアは増えているが、沖縄離島に比べれば、まだまだ少ない。そのなかで、奄美群島に暮らす島人の目線で、島々の魅力をたった24ページの紙面に集めた『奄美群島時々新聞』は、自分で言うのもなんだが島々の個性を端的に比較するメディアとして、なかなか優れものだった。

編集部員は奄美大島《あまみおおしま》、喜界島《きかいじま》、徳之島《とくのしま》、沖永良部島《おきのえらぶじま》、与論島《よろんじま》の5島に暮らす7人で、島の観光協会などに属する20〜30代の若手島人。すべて紙面上の愛称だが、奄美大島からは奄美群島観光物産協会に勤めていた「くっかる」と、奄美大島観光協会の「クロウサ

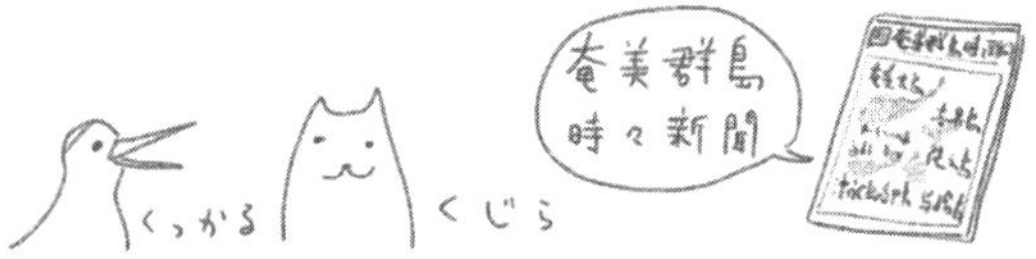

ギ」、瀬戸内町観光協会の「ハブガール」の3人が参加した。喜界島からは喜界島観光物産協会に勤める「やぎみつる」、徳之島は島でデザイン業を営む「ワイド娘」、おきのえらぶ島観光協会の「ゆりメット」、ヨロン島観光協会の若手ホープ「パナウル王子」が参加し、にぎやかな研修&取材がはじまった。

20〜30代の若手島人が集結すれば、当然、宴会も行われる。もちろん、日中は新聞づくりの研修を行ったり、取材として各島のスポットをめぐったりと、忙しく仕事をするわけだが、日が暮れると同時に各人の目が光りはじめ、地元グルメを肴に、島酒を楽しんだ。

島々の情報を得るには、地元住民によるナマの声を聞いてみたいものである。そこで、『奄美群島時々新聞』編集部員の言葉を借りて、奄美群島の主要5島を紹介するとこうなる。

奄美大島は、「広い」「ハブがいる」「言葉の語尾に『ち』とつくのが可愛い」「南部は山があってアップダウンが激しい」「ほとんどが森林」「ひとつの島にいろんな方言や唄があるところが面白い」。

喜界島は、「『ヤギ』が美味しい」「空が広い」「農業の島」「神社が多い」「戦跡が多い」「地元の特産品を使った加工品が多い」「地下ダムがある」「公園などがきれい」「油ソーメンの汁が多い」。

徳之島は、「闘牛!」「勝負事が好きな島民性」「子宝・長寿の島」「小学生のステイ

タスが『牛の世話』」「ダイナミックな景勝地が多い」「伝統行事に若者が積極的に参加している」「料理の具が大きい」。

沖永良部島は、「鍾乳洞がすごい（全国鍾乳洞9選の1つ）」「ケイビングが楽しい」「島の地下に水が流れている」「料理が美味しい」「しっかり者の島人が多い」。

与論島は、「砂浜が白い」「リゾート」「うきうきする雰囲気がある」「島のおばちゃんの笑顔がすてき」「十五夜踊り（雨乞いの行事）で本当に雨が降る」「パンケーキのように薄い地形」「女性客が多い」。

と、こんな具合。奄美群島の個性は並べ立てると、きりがないほど湧き出てくるもので、それぞれの島にどんな風景が待っているのかは、この後に続く各章で紹介していきたい。

奄美群島だけの酒

奄美群島《あまみぐんとう》は、各島が強烈な個性を持つだけに「奄美群島って◎◎だよね」と、一括りにしにくい。だけど、そんな島々にも全会一致の共通コンテンツがあって、それが黒糖焼酎である。

正式名称は「奄美黒糖焼酎」といい、その名の通り、原料には黒砂糖が使われていて、「製

造が許されているのは奄美群島だけ」という決まりのもとに造られている。

なぜ「奄美群島だけ」なのか。書き出すと長くなるので詳しくは巻末の「くっかるの島酒講座」にゆずるが、とにもかくにもこのことは、奄美群島にゆかりのある人の間では「知らない人っているの?」というぐらい、ポピュラーな話なのである。ところが、くじらのようにもともと島にゆかりがない人間は、たとえ居酒屋で注文したことがあるお酒のラインナップに黒糖焼酎が入っていても、その事実を知らなかったりする。

黒糖焼酎の歴史はまだ新しい。しかし「奄美群島でしか造れない」黒糖焼酎にはどの銘柄の背景にも、奄美群島の歴史や文化がぴったりくっついているわけだ。

そこで、くじらは考えた。

奄美群島を知りながら、黒糖焼酎を知るのか。

黒糖焼酎を知りながら、奄美群島を知るのか。

前者の奄美群島を紹介する本はたくさんあるので、一冊くらい後者があってもいいんじゃないかと。そこで、くじらはくっかるを誘い、奄美群島の島々と黒糖焼酎の魅力をまとめることにした。

この本は、日本の島には少々詳しいが、ただの呑んべえであるくじらの主観と、黒糖焼酎に詳しく、奄美大島に暮らしていたこともあるくっかるの解説と、島々で出会った人々たちとの会話や、五感にふれた事柄を混ぜ合わせながら、奄美群島の魅力を伝えようと思い書きはじめた。できれば、黒糖焼酎をグラスに注いで、その味と香りを確かめながら、読み進めていただきたい。

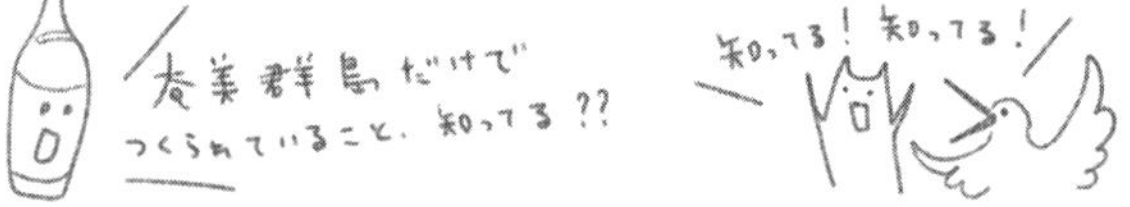

奄美大島

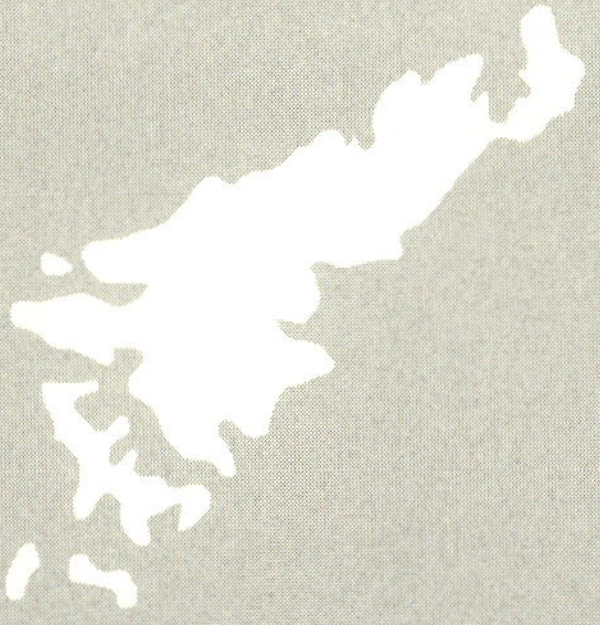

とっても広い奄美大島

【 奄美大島(あまみおおしま)・八月踊り(はちがつおどり) 】

奄美大島では、旧暦の八月の初丙(ひのえ)・丁(ひのと)をアラセツ、その後の壬(みずのえ)・癸(みずのと)をシバサシ、甲子(きのえね)をドゥンガといい、合わせてミハチガツ(八月三節)と呼ばれます。暑さが和らぎ、月の美しく輝く季節、農作物の収穫を終えた豊年を祝い、先祖をまつる祭が各集落で催されます。集落により簡略化されていますが、本来は各家を人々が訪ねて行き、庭先で男女が輪になって唄を掛け合いながら「八月踊り」を踊ります。迎える家々では、ごちそうを用意して振る舞い、黒糖焼酎を飲み交します。

大きな島

日本の有人離島には「大島」という名前の島が16島ある。そう呼ばれる理由は明快で、周りの島に比べて大きいから。反対に、周りに比べて小さいと「小島」と呼ばれることが多い。

大島とつく島のなかでも、奄美大島《あまみおおしま》は特別大きい。日本の有人離島では2位で、新潟の佐渡島《さどがしま》に次いで広く、東京23区がすっぽり入ってしまうのだ。

それだけ大きな島になると、「島を1周」するのは気軽ではなく、ある程度の時間と体力を要する。なぜなら、北から南に行くだけでも2時間以上かかり、観光名所を眺めながら島を1周まわろうとしたら、急ぎ足で丸1日。それじゃあもったいなさすぎるので、奄美大島を楽しむなら、せめて2泊3日は欲しいものだ。

奄美大島は島の66・6%が森林で、世界自然遺産の候補地にもなっている深い山々には、めずらしい動植物がたくさん生息している。天然記念物のアマミノクロウサギに、アマミイシカワガエル、ルリカケスという青い鳥がいて、ヒカゲヘゴやクワズイモがそこかしこに生えている。島の中南部には、日本で2番目に広大なマングローブの群生地もある。

スポーツ大好きな人なら、サーフィンやSUP（スタンドアップパドル）、シュノーケリングやダイビング、シーカヤックやマングローブカヌーツアー、パラグライダーなんかが楽しめて、伝統文化好き

には、島唄《しまうた》や三線《さんしん》、泥染体験や大島紬《おおしまつむぎ》工房見学、アート好きなら、日本のゴーギャンと称されることもある日本画家、田中一村《たなかいっそん》の作品を展示する「田中一村記念美術館《たなかいっそんきねんびじゅつかん》」も外せない。

そして、我々のような酒好きには、黒糖焼酎蔵や、奄美群島《あまみぐんとう》一の飲み屋街「やんご（屋仁川《やにがわ》通り）」だってある。

ちなみに、そんな島の「暮らし」はというと、『奄美群島時々新聞《あまみぐんとうときどきしんぶん》』編集員で奄美大島観光協会に勤めているクロウサギさん曰く、

「奄美大島は人の暮らしと自然が絶妙な距離にある島なんです」

とのこと。

「たとえば、私は海が好きで奄美大島に移住したのですが、『海に行きたい』と思えばすぐに海に行くことができます。夏の暑い日は、仕事が終わった後にポチャンと海に浸かりに行って、頭と体のリセットをすることも。仕事と海の両方が私の日々の暮らしの中にある。そんな島暮らしを楽しんでいます」

仕事帰りにポチャンだなんて！　暮らしているからこそ味わえる楽しみである。

「それに、奄美大島には屋仁川もありますし……。食いしん坊な私には屋仁川の存在は大きいですね」

やっぱり2泊3日でも足りない島である。

FM７７・７の島ラジオ

奄美空港《あまみくうこう》のロビーには、奄美大島《あまみおおしま》の伝統工芸品である「大島紬《おおしまつむぎ》」の広告看板があって、どこからともなく島唄《しまうた》・三線《さんしん》の音色がBGMとして聞こえてくる。くっかるは、ここに住んでいたわけだし、くじらも何度となく訪れているから、知っている風景なのに、毎度、キョロキョロしながら「ああ、奄美《あまみ》に来ちゃったなあ」なんて言いながら、こみあげてくるワクワク感を感じている。

　空港から目的地までの移動は、たいてい路線バスか、タクシーか、レンタカーか、島人の車で移動することになるのだが、島が広いだけに、乗り物に乗っている時間もかなり長い。そこで、奄美大島での移動時間に強くおすすめしたいのが、オーディオの周波数をFM７７・７に合わせることである。

　ラッキーセブン的な電波をラジオが拾うと、スピーカーからは、聞きなれない（あるいは懐かしい）イントネーションで語られる、なかなか聞き取れない（あるいはなんとなく理解できる）言葉が流れ出し、島唄・三線の音はもちろん、島のよもやま話に、島出身ミュージシャンの曲、パーソナリティの絶妙な掛け合いが続々とでてきて、飽きることなく笑わせてくれる。音の正体は、「あまみエフエム ディ！ウェイヴ」というローカルラジオ。「島口《しまぐち》」つまり、奄美大

島の方言交じりで、奄美のことを発信している。

一度聞いたらクセになる番組の数々にどのくらいのリスナーがいるのか、あまみエフエムのスタッフに聞いたところ、

「車を運転しながら笑っている人はみんなですかね〜」

と教えてくれた。日本各地の地方に出かけることの多いくじらは、プライベートな旅でも仕事の出張でも、郷に入れば郷に従いたいと考えている。訪れた島のテンションに自分の五感をチューニングするなら、ローカルラジオほど優れたものはないので、奄美大島のドライブは、あまみエフエムを聞きながら、目的地を目指してほしい。

群島一の飲み屋街

奄美大島《あまみおおしま》には鹿児島県で2番目ににぎわう飲み屋街がある。鹿児島一の飲み屋街といえば、鹿児島市内にある天文館《てんもんかん》だが、あちらは県庁所在地だし人口も多いから、鹿児島一で然りだろう。しかし、人口7万人弱の離島に天文館に次ぐ飲み屋街があるなんて。失礼ながら、最初は、あまり信じていなかった。

その場所は「やんご」、正式名称は屋仁川《やにがわ》通りという。やんごのある名瀬《なぜ》は、奄美市役所などがある島一番の街で、名瀬出身のミュージシャン、我那覇美奈《がなはみな》ちゃんは自らを「奄美のシティガール」と呼んでいたが、実際、奄美群島《あまみぐんとう》に暮らす人に聞いてみても、名瀬イコール都会だと認識されていた。

名瀬には、アーケード街があって、ローカルなスーパーや、地元の銀行、牛豚とともにヤギ肉やイノシシ肉も売る小さな商店が立ち並ぶ。本土のチェーン店もしばしば目に入るものの、まだまだ地元色の強い建築物がインパクトを放っているので、訪れる人間からすると、目に映るすべてが興味深い。

くじらがはじめて奄美を訪れた時、ちょうど「やんご」で取材があったので、噂に聞く歓楽街はどんな場所なんだろうと、うきうき気分で目的地に足を踏み入れた。通りの入り口には大きく「屋仁川通り」と書かれた門があるので、どこが「やんご」かは一目瞭然だったが、なぜだか肝心のにぎわいが見当たらない……。

時刻はお昼。人影よりも道端でごろごろじゃれあう猫たちの姿が目立っていた。「天文館に次ぐ」は、眉唾情報だったのか？　不安がよぎるなか取材を済ませ、夕刻に1軒目の暖簾をくぐる頃には、静かに見えた通りの赤提灯がぽつりぽつりと点灯し、1軒目の飲み屋を出た21時頃には、猫よりも人影が目立ちはじめ、2軒目を出る頃には、呑んべえを待つ

タクシー群が通りに列をなしていた。そして３軒目を後にする午前様タイムには、千鳥足でホテルに向かうくじらと同じように、陽気な足どりで帰路につく、あるいは次の店を探す千鳥たちで「やんご」通りはにぎわっていた。

ああそうか、昼間の「やんご」は寝ていたのか。以来、奄美大島を訪れるたびにあちこちのお店におじゃましながら、「やんご」のにぎわいを肌で感じている。

「やんご」は、たった１００メートルの通りに３００軒のお店が軒を連ねる群島一の飲み屋街。夜更けのにぎわいに我が身を投じてみると、「鹿児島で二番目」と言われていることも真実味を帯びてくる。

島酒案内所（名瀬《なぜ》）

地元の酒を楽しみたいなら、まず立ち寄りたいのは地元の酒屋さんである。

「やんご」からもほど近い場所にある「酒屋《さかや》まえかわ」には、くじらもくっかるも、度々お世話になっている。お店を訪れると、壁一面に数百本の黒糖焼酎がずらずらと並び、黒糖焼酎だけでこんなに種類があったんだと、右へ左へ目が泳ぐ。こんなにたくさんあって、一

体どれを手にしたらいいのかしらと迷ったら、店主の前川晴紀《はるき》さんに助け舟を頼みたい。

「いらっしゃいっ」

と、レジのなかから明るい声を掛けてくれる前川さんは、お茶の間で人気の芸人・ぐっさんに似た明るく朗らかなお兄さんだ。以前、くじらの夫が沖縄出身であることを話したら、前川さん自身も沖縄の北西部にある伊是名島《いぜなじま》にゆかりがあることを教えてくれた。泡盛の製法が沖縄から奄美に伝わってきたように、沖縄の島々から奄美群島《あまみぐんとう》にやってきた人は少なくない。「酒屋まえかわ」には泡盛や、南大東島《みなみだいとうじま》のラム酒も置かれているが、もしかするとそれは、沖縄にゆかりがある人たちのために置いているのかもしれない。

店内には、黒糖焼酎各種はもちろん、日本酒にワイン、ビールにチューハイ、おすすめのおつまみから、地元アーティストのCD、蔵元オリジナル手ぬぐい、前掛け、Tシャツまで置いているから、一見、お土産店のようにも見える。けれど、しばらくそこにいると、近所の人々が、入れ替わり立ち替わり買い物にきて、そのついでに前川さんと雑談していく光景が見られる。なかには、お店に入って出るまでの間、一言も発さずにカウンターでお金を出し、前川さんも無言のまま、慣れた手つきで選んだタバコを渡すお客さんや、夕暮れになると、お店でビールを買って、そのまま店内で飲みはじめる常連客もいる。

そんな常連さんたちのことを、前川さんは優しい笑顔で、

「毎日きているからね」

と笑っていたが、くじらは、ちょっとした島のドラマを見ているような気分だった。そんな風にコミュニケーションをとっているから、地元の酒屋さんは、サザエさんに出てくる三河屋のサブちゃんのように、地域のよもやま話に詳しいのだろう。そして、くじらのようにさまよえる来島者には、群島で造られているお酒のことはもちろん、ちょっとした島の話がうれしかったりする。

だからくじらやくっかるは、「酒屋まえかわ」に行くたび、前川さんに面白いお酒、めずらしいお酒、人気のお酒などを教えてもらう。前川さんに教えてもらった銘柄は、これから続く文章中にて紹介するが、つまるところ、ここは、酒好きにうれしい島酒案内所でもあるのだ。

「やんご」のお店

朝、昼、晩。それぞれの時間帯ごとに楽しみ方はあるが、群島一の飲屋街がある奄美大島《あまみおおしま》にきてしまうと、我々のような呑んべえの目は、日暮れとともに輝きはじめる。

「やんご」こと、名瀬の屋仁川《やにがわ》通りのお店にはあちこち行っているものの、毎度、深夜に

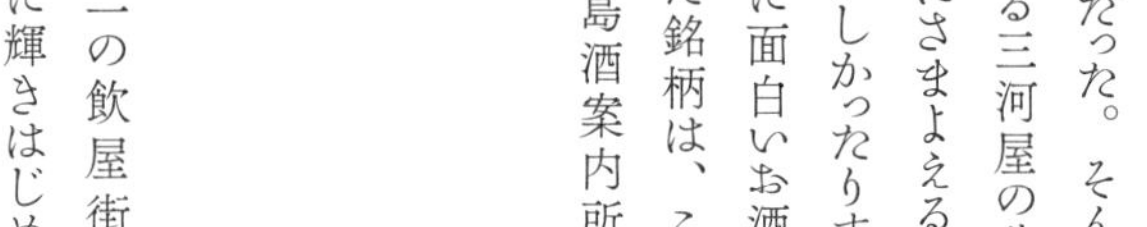

酒屋まえかわ　奄美市名瀬港町6-10　0997-52-4672

なるにつれて記憶がふんわりしてしまって、すべてのお店が思い出せないのは、それだけ美味しくお酒をいただいている結果である。だが、そう書いてしまうと、終わってしまうので、曖昧な記憶をたどりつつ、いつも楽しませていただいている「やんご」で特筆すべき何軒かを、くっかるとともに思い出してみる。

「屋仁川通りからは少し外れますが、島唄を体験するなら、『郷土料理かずみ』ですね」

と、くっかる。

「郷土料理かずみ」は、店主の西《にし》かずみさんが作る伝統料理と黒糖焼酎を楽しんでいると、いつしか島唄がはじまるお店だ。沖縄には観光客のために決まった時間に島唄が披露されるお店もあるが、「かずみ」の島唄はお客さんがある程度集まったところで「それじゃあ」と自然にはじまり、島人も観光客も一緒になって唄を歌ったり太鼓を叩いて楽しむ唄遊びである。だから、島唄を聴きたいからとお店に行って、すぐにはじまらないからと腹を立てたら、それは野暮というものである。

「奄美の島唄は、みんなの掛け合いで歌うものですからね」

それは「かずみ」でも然りなのだ。

奄美大島のお店ではお通しに「トビンニャ」という巻貝が出てくることが多い。巻貝の中身をつまようじで取り出すと、ひょろっとした身がくるくるっと出てくる。小さな身からは

郷土料理かずみ　奄美市名瀬末広町15-16　0997-52-5414

しっかりと磯の香りが立ち昇る。もちろん黒糖焼酎にもぴったりである。

やんご通りの奥にある「居酒屋一村《いざかやいっそん》」では、トビンニャのパスタもいただいた。日本のゴーギャンと称されることもある日本画家、田中一村の名がつく居酒屋は、高円寺にあるミュージシャン御用達の酒場的雰囲気。お店を営んでいるうちに集まってきただろう、さまざまなオブジェが飾られる異空間だけに、カルチャー系呑んべえは気に入ること間違いなしである。

お店の意向で店名は控えたいが、やんご通りから南側に1本裏手に入った十字路の角に、島の郷土料理を味わえる名店がある。「ウヮンフォネ」という豚と野菜を煮込んだお料理に、「フル（にんにくの葉）」がのっけられた厚揚げに、酢味噌で味わうお刺身に、薄焼き卵でごはんを包んだ「卵巻きおにぎり」など、島のスタンダードメニューを堪能しながら、黒糖焼酎を味わえる。伝統的な奄美の料理は、胃がもたれそうなものがなく、毎日でも食べたくなるような優しい味が多い。

「黒糖焼酎をいただくなら『心《こころ》』も外せないですよね」

「焼酎Ｄｉｎｉｎｇ ＳＡＫＥ工房 心」は東京のおしゃれさんが集まる街、恵比寿にあっても不思議ではないきれいなダイニングバーで、島の素材を使った創作料理とたくさんの種類の黒糖焼酎をいただくことができる。油ぞうめん（ソーメンチャンプルー）に、ふわふわつきあげ（さつまあげ）に、お刺身など。いろんな料理を食べてみたかったものの、大人2人で3品頼ん

居酒屋一村　奄美市名瀬柳町12-3　0997-53-8333

だところで、ボリュームに負けてお腹がいっぱいに。もしもここが恵比寿なら、1品のボリュームが1/2になるか、お値段が2倍になるかのどちらかだから、いろんな充足感に満たされた。

そんな「心」の向かいには、著名なパーカッショニストで「奄美はぶ大使」を名乗る熱烈な奄美リピーター、スティーヴ エトウ氏が「どん詰まり」と呼ぶお店がある。

お店の名は「Music Bar Good News《ミュージックバーグッドニュース》」。明るい「心」とは対照的に、ダウンライトな大人空間で、エアロスミスなどの洋楽PVが延々、流れる怪しい空間である。くじらがこのお店に足を踏み入れるタイミングは、だいたい三次会。例にならって記憶はふんわりがちであるが、黒糖焼酎の水割りセットとポップコーンがテーブルに並び、ご一緒していた島人さんにつくっていただいた水割りを味わいながら、何をそんなに話したんだっけ？　と後で思い出そうとしても思い出しきれないほど、おしゃべりし、大笑いしているうちに、だんだん記憶が暗闇に溶けてゆく……。何度かおじゃましているが、「Music Bar Good News」の後に四次会へ行った記憶はないから、それはつまり、どん詰まりである。

ここに記したやんごとは、氷山の一角の端をさらに削ったような欠片《かけら》の話。100メートルに300軒が軒を連ねるというやんご通りには、それぞれの酒場ごとに奥深い世界が広がっている。

焼酎Dining SAKE工房 心　奄美市名瀬金久町11-1　0997-54-2066

30

奄美のあにぃ

くじらは仕事柄、奄美群島《あまみぐんとう》のいろんな人とお話しする機会があるが、どの島でも方言を聞くのが楽しみである。もちろんくじらに方言リスニングの技術はないが、だからといってすべて標準語でお話いただくと、味気なさを感じるのだ。

奄美大島《あまみおおしま》には、初心者でも気軽に使える島口《しまぐち》がいくつかある。まずは、ありがとうが「ありがっさまりょーた」で、こんにちはが「うがみしょーらん」。そして、人名のうしろにつく敬称も使いやすい。

奄美大島では、役場の担当者でも下の名前で呼び合うことが多く、名前のうしろに独特の敬称がつき、先輩にあたる男性は「○○あにぃ」「○○あにょ」と呼ばれ、女性は「○○あね」「○○ねぇ」と呼ばれる。

ここでひとりのあにぃを紹介する。島で耳にする７７・７ＭＨｚのラジオ局「あまみエフエムディ!ウェイヴ」と、島のライブハウス「ＡＳＩＶＩ《アシビ》」を営む、麓憲吾《ふもとけんご》さんは、いろんな人に「けんごあにぃ」とよばれている人で、くじらも度々、お世話になっている。

名瀬で生まれ育ったシティボーイのけんごあにぃは、無表情だと強面にも見えるが、少しいたずらな顔で笑い、「いさもとさ～ん、げんきですか～」と、のんびりしたトーンで声を掛け

Music Bar GoodNews　奄美市名瀬金久町11-1

31

てくれる優しいあにぃである。しかし、あにぃは実はすごい人で、島の音楽に興味を示してくれる音楽関係者がいるのに、島にライブハウスがなかったからと「ASIVI」をつくったり、今となっては有名な奄美大島出身のアーティストの元《はじめ》ちとせさんや、奄美大島に暮らしながらメジャーデビューを果たした「カサリンチュ」の活躍を裏で支えたり、島の若者たちが島口にふれられるようあのFM77・7の「あまみエフエム」をつくったり、島人の余興があまりに面白いからと、島人たちの余興《よきょう》をひたすら楽しむ「Y-1グランプリ」や、「夜ネヤ、島ンチュ、リスペクチュ!!(今宵は、島人に、敬意を!!)」なんて音楽イベントをプロデュースして島を盛り上げたり。あの手この手の方法で、島人の心をつないでいるのだ。

　奄美群島にはとても面白いあにぃがたくさんいらっしゃるが、くじらがまずはじめにびっくりしたのが、けんごあにぃだった。なぜなら、どこまでもまっすぐに島のことを想い、少しばかり無謀だろうと思われそうなことまで、やってのけていたからだ。はじめてけんごあにぃと出会った時、あにぃはこんなことを語ってくれた。

「夢は島の外にしかないと思っているシマッチュ(島人)に、島でも夢が叶うことを証明したい」

　島の子どもたちが憧れを抱く島のアーティストを育て、子どもから大人までが耳にするラジオを通して、奄美大島の誇りをつくっているすごいあにぃである。そんな島人に出会ったら、

ASIVI　奄美市名瀬金久町4-3　0997-53-2223

32　島口を使いなれていなくとも「あにぃ」と呼ばせていただきたい。

シマッチュの笑い

くじらがはじめて奄美大島《あまみおおしま》に来た日、けんごあにぃが飲み会を開いてくださるというので、約束の時間に「ＡＳＩＶＩ《アシビ》」に向かった。するとそこへ、ぞろりぞろりとシマッチュが集まってきて、堅苦しい挨拶はほどほどに、「れんと」の紙パックから黒糖焼酎を注ぎ、宴会がスタートした。

「○○あにぃ」「○○あにょ」

名刺を交換したシマッチュの皆さんは、公務員も多かったが、親しみを込めた呼称で呼び合うせいか、親戚の飲み会に迷い込んだ気分だった。

テーブルいっぱいのオードブルと黒糖焼酎に手をのばしながら、しばらく談話を楽しんでいると、ステージの方向から声がした。

「えー、本日は東京から『くじらもとさん』がお越しくださっています」

見ると、ステージの上に脚立が置かれ、そこに登った人影がマイクをにぎっているではないか。

「えー、本日は『くじらもとさん』が〜」

と続けるシマッチュは、かの有名な余興芸の名手らしく、彼が登場したことで会場のシマッチュたちのテンションが一気に花開いた。

「わはははは、『いさもとさん（※くじらの本名は鯨本と書いていさもとと読みます）』」

笑うシマッチュにつられて、我々もお腹をかかえる。脚立上からの脚立漫談を楽しんだ後は、けんごあにぃが仕掛けるイベントのひとつ「Ｙ-１グランプリ」の映像が流れ、宴会芸人のなかでも有名な「サーモン＆ガーリック」の宴会芸に、Ｐｅｒｆｕｍｅのダンスを完全コピーする「パフュームさとし」のパフォーマンスに、お腹がよじれるほど笑った（いずれも動画サイトで見ることができる）。

奄美大島の結婚式は会費制で、３００人ほど参加する式もめずらしくないらしい。そんな結婚式でメインになるのが、同級生や職場の同僚たちが披露する「余興《よきょう》」で、歌ったり、踊ったり、演じたりの芸が繰り広げられ、くっかるも同僚の結婚式でベリーダンスを披露したことがあるらしい。

人口７万人の島で毎回３００人が参加するということは、同じ人の余興を何度も見ることになるだろう。するとそのうち、「余興がうまい人」「面白い人」が生まれ、会場を沸かすことのできる人気者はいろんな余興に呼ばれはじめて、さらに芸が磨かれて、面白さが

増していく……。ごく自然な余興芸人養成システムがこの島にはあるようだ。

シマッチュたちのにぎわいと黒糖焼酎にすっかり酔ったところで、お隣に座った「サーモン＆ガーリック」のサーモンさんに

「奄美では、どうして余興が熱いんですかね」

と聞いてみると、

「だって、自分たちで面白いことをつくらないと何もないから」

サーモンさんの本業は公務員で、そのかたわらで活動しているバンド「サーモン＆ガーリック」は、余興芸からはじまって、日本最大の野外フェス「フジロック」のステージにもあがったという。すごい人である。

その当時、サーモンさんは生まれ育った名瀬《なぜ》の町から、田舎の集落に転勤していたのだが、その集落の敬老会で開催されていた大余興大会がすばらしく、自分は少しも勝てなかったという。

「あれはちょうど野茂英雄《のもひでお》がアメリカへ渡った頃でした。野茂はすごいなぁ。メジャーで1勝あげて。なのに、わん（私）は、まだここ（転勤先の集落）で1勝もあげれとらん……」

フジロックに出演する実力のサーモンさんが太刀打ちできない敬老会の余興芸とはいかなるレベルなのであろうか。

サーモンさんの言う「なにもない」の「なに」が、たとえば都会にたくさんあるような

娯楽施設だとしたら、確かに島にはイオンの巨大ショッピングセンターに併設しているような映画館もなければ、テレビCMでみるようなアミューズメント施設もない。けんごあにぃが「ＡＳＩＶＩ」をつくるまでは、ライブハウスもなかった。

でも、そのためにここに暮らす人間自身が面白みを増していくなら、それはとても心強く、すごいことなんじゃないかとくじらは思っていた。シマッチュは、シマッチュ自ら、みんなが楽しむ状況をつくり出しているという説に「なるほど」と感心しながら、笑い転げるシマッチュたちと、引き続きお腹をよじらせた。

この晩、ステージのとりを飾ったのは、「濱田洋一郎《はまだよういちろう》と商工水産《しょうこうすいさん》ズ（奄美市役所商工水産課の方々によるバンド）」。さっきまで同じテーブルで飲んでいたおじさまシマッチュがステージにあがり、ライブがはじまったのだが、おじさまたちとあなどるなかれ。ダンディなおじさまシマッチュの陽気な美声は、つい聴き惚れるハイレベル。そこで歌われていた「島バスにのって」はしばらく耳から離れず、翌日は鼻歌となって頭のなかでリフレインしていたのだが、それから数年後、奄美大島内を走るバス会社の名前が「株式会社しまバス」になっていた。

げらげら、ひぃひぃ。たらふく笑ったあと、シマッチュのみなさんは、こう言った。

「必死にふざけているんです」

笑いすぎた目に今にもこぼれそうな涙を浮かべながら、そう語るシマッチュの笑顔が忘れら

れなくなり、くじらは奄美という島のものすごい力を感じていた。

「ASIVI」は島を訪れた人が立ち寄れるバーにもなっている。くじらが取り憑かれたような、奄美大島のパワーに吸引された本土のアーティストや、島のアーティストらによるライブも度々ひらかれているから、奄美のにぎわいを、ぜひとも味わってもらいたい。

島のゴーギャン

亜熱帯性気候の奄美大島《あまみおおしま》でみかける植物のうち、特に奄美らしさを感じるのは、ヒカゲヘゴやクワズイモである。『奄美群島時々新聞《あまみぐんとうときどきしんぶん》』の取材で奄美大島をあちこちめぐっていたときには、道端に自生している巨大クワズイモを見た喜界島《きかいじま》のやぎみつるが、「東京なら○万円しますよ」と勘定していた。

奄美大島の画家と言えば、田中一村《たなかいっそん》である。栃木県で生まれ、50歳のときに奄美大島に渡った田中一村は、日本のゴーギャンと称されることもある日本画家。生前は評価に恵まれず、紬《つむぎ》工場の染色工として生計を立てながら絵を描いていた一村だが、没後にその作品が評価され、奄美空港の近くに建つ「田中一村記念美術館」に作品が収蔵されている。

鹿児島県奄美パーク 田中一村記念美術館　奄美市笠利町節田1834　0997-55-2635

奄美大島は南の島ではあるが、カラッと明るく鮮やかなイメージよりも、深さや濃さを感じる色合いが多い。クワズイモや色鮮やかな南国の魚介類や動植物が描かれる一村の作品には、美しさはもとより一見、毒々しくも見える生命力や湿度を感じ、ながめるうちに神聖な森に迷い込んでいくような魅力がある。

色のトーン（調子）は「ビビッド」「ソフト」「ライト」といった言葉で表現されるが、最も鮮やかな「ビビッド」よりも、一段深い色は「ディープ」と呼ばれている。奄美大島にある生の自然には、ほかでもないディープな色味が多いようにくじらも感じているが、島のゴーギャンはそうした色や、人間と神とのつながりのような、言葉にできない島の空気を捉えていたのかもしれない。ほんの少し、島に滞在しただけで島の深さを理解するのは難しいが、田中一村の作品を眺めていると、この島のディープさに少しだけでも触れることができるような気がする。

島酒案内所（瀬戸内町）

瀬戸内町《せとうちちょう》は奄美大島《あまみおおしま》南部の町。奄美大島の南には、大島海峡《おおしまかいきょう》を隔てて、加計呂麻島《かけろまじま》、請島《うけしま》、与路島《よろしま》という3つの有人島があり、奄美大島と加計呂麻島の隙間が

本州と四国の間にある瀬戸内海のように、内海になっている。そんなところに面した町が瀬戸内町である。

奄美大島で瀬戸内町まで足を運ぶなら、ぜひとも訪れたい酒屋がある。その名も「瀬戸内酒販《せとうちしゅはん》」。瀬戸内町は古仁屋《こにや》の海の駅から歩いて1分のところにある赤い屋根が目印の酒屋さんで、名瀬《なぜ》の「酒屋《さかや》まえかわ」同様に、壁面にずらずらと黒糖焼酎が並ぶ。

瀬戸内酒販の店主、義永卓也《よしながたくや》さんは地元では「卓ちゃん」の愛称で呼ばれている、黒ぶちメガネのダンディな方である。くじらは、はじめて奄美大島に来た時に、「瀬戸内酒販」を訪れ、黒糖焼酎のフルラインナップが並ぶ光景に衝撃をうけた。

「蔵がＰＢ商品として出しているもの以外は全種類ありますよ」

ざっと２００種類以上。これだけたくさんの島酒が並んでいると、より珍しい品を見つけたくなるが、棚の上段には、歴史を感じさせる化粧箱も並んでいた。

「うちには蔵に残ってない酒もあるから、酒蔵から『まだある?』って、聞かれることもありますね」

つまり、レアなお酒は地元の酒屋に残っているということか。

店内の壁には酒造りのようすが写された写真も飾られていた。

「10年以上前、インターネットで酒を売りはじめた時に、酒蔵をまわりはじめたんです。は

瀬戸内酒販
大島郡瀬戸内町古仁屋大湊3
0997-72-0818

じめは富田《とみた》さん（富田酒造場《とみたしゅぞうじょう》）のところに行って、いろんなところを紹介してもらって全蔵をめぐって、『こんなに違いがあるのか』ってびっくりして。そこからですね。はまったのは」

地元にいる人にとっては、地元の酒は珍しくない。だから、どこでどんな人がどういう風に造っているのかは、地元の人ほど知らないことがある。義永さんは、奄美大島、喜界島《きかいじま》、徳之島《とくのしま》、沖永良部島《おきのえらぶじま》、与論島《よろんじま》に足を運び、各蔵の個性を知ったという。

「瀬戸内酒販」には、呑んべえにうれしいサービスがある。１００種類以上の黒糖焼酎が試飲用に置かれているのだ。もちろん、飲み放題なんかではなく味見用なのだが、それにしてもボトルの数がすごい。めざといくじらは、一番レアなものはどれか義永さんに聞いてみた。

「これですね」

そういって義永さんが手にしたのは、沖永良部島の原田酒造《はらだしゅぞう》が限定１５００本だけ販売したという「昇龍《しょうりゅう》 古酒《こしゅ》 魔狭の雫《まきょうのしずく》」。貴重なお酒をグラスに注いでもらい、その味を確かめてみる。38度と少し強めの黒糖焼酎に口をつけると、甘く芳醇な香りがぶわっと広がる。「古酒」と書いてあるだけ熟成時間が長く、30年もの間、静かに眠っていたお酒だという。

「黒糖焼酎は寝かせるほどまろやかになるんです」

お値段は２万２０００円と立派。しかし、ウイスキーの30年ものに比べたらお買い得な気がするし、義永さんも「原価の割に安い」と言う。全蔵をめぐった知識と、たくさんの

試飲用ボトル。「瀬戸内酒販」に立ち寄れば、きっとうまい焼酎に出会うことができるはずだ。

薄目でハブを見る

奄美《あまみ》や沖縄にはハブという毒蛇がいる。くじらはこの世のなかで蛇が最も苦手なので、思い出すだけで身の毛がよだつのだが、奄美大島にはそんなハブを薄目でも見たい場所がある。

奄美空港から車で5分。海沿いにぽつんと建つ「原《はら》ハブ屋奄美《やあまみ》」というハブ専門店だ。ハブ専門店といっても生きたハブが売られているわけではなく、ハブ皮を加工したおしゃれな小物に、ハブの油、ハブの内臓をすりつぶしたらしいハブキモ粉末、ハブの骨などが売られている。

このお店の最大の売りは「ハブショー（正式名称は『ハブと愛まショー』）」で、ショーが行われるのは、午前11時・午後2時・4時の1日3回。ハブショーと言っても、みなさんが想像しているかもしれないハブとマングースを戦わせるショーではなく、「原ハブ屋」の店主が自ら、蛇の種類や、毒の恐ろしさを解説するいたって真面目なショーである。

真面目なショーがなぜ売りなのか。それは、店主のトークが無形文化遺産レベルに面白いからである。くじらは2度見たことがあるが、2度とも実物のハブを薄目で見ながら、店主

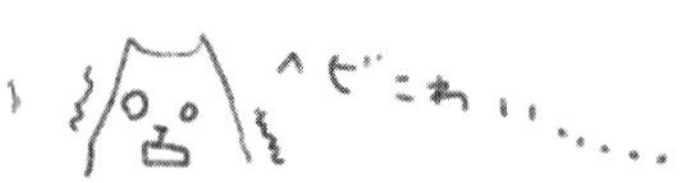

のおしゃべりに抱腹絶倒した。奄美群島には芸達者な人が多いと常々思っているが、「原ハブ屋」のショーはどこに出しても笑いを取ることができる本物の芸である。奄美大島をはじめて訪れた人には、ひと笑いしながらハブ関連のアテンションをいただける「原ハブ屋」にぜひとも立ち寄ってほしい。

ちなみに、奄美や沖縄ならどこにでもハブがいると思っている人がいたら、それは間違いである。どうやらハブには嫌いな地質があるらしく、奄美群島のなかでも喜界島《きかいじま》、沖永良部島《おきのえらぶじま》、与論島《よろんじま》にはハブがいないのだ。ハブがいる島では、スーパーで「ハブ取り棒」と「ハブ箱」が売られていて、島の若い子に聞くと、生きたハブを捕まえて役場に持っていくと、3000円で買い取ってくれるらしい。

『奄美群島時々新聞《あまみぐんとうときどきしんぶん》』の編集員でハブ取りが趣味（!）という「ハブガール」によると、デート代を稼ぐのにハブを捕まえようとする若者もいるらしい。

「雨の日はハブ渋滞ができますよ」

なんて、まことしやかな情報まである奄美のハブ事情。沖縄の島と同様に、ハブ酒も造られているから、くじらと違って爬虫類が平気な人には、ハブ酒も試していただければ幸いである。

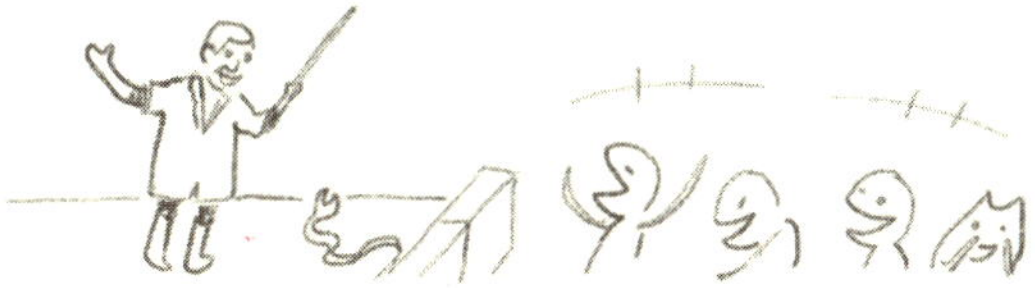

原ハブ屋奄美
奄美市笠利町平字土浜1295-1
0997-63-1826

トロピカル焼酎「ＪＯＵＧＯ」

「ＪＯＵＧＯ《じょうご》」は、熟したトロピカルフルーツのような香りがする。バナナなのか、パイナップルなのか。カンカンと照りつける太陽のもと、ビーチサイドでパラソルの影に寝そべっているような、南の島的イメージが頭に浮かぶが、口をつけると意外にもフルーツのような甘さはなくて、さらりと軽い。甘そうなのに、甘くないフレーバーウォーターのような味わい。

奄美大島《あまみおおしま》の北にある奄美空港《あまみくうこう》から南下する道すがら、左手に海を眺める地域は奄美市笠利町《あまみしかさりちょう》、そこから内陸部に入ると龍郷町《たつごうちょう》、南下していきトンネルを抜けると、今度は右手に海（龍郷湾《たつごうわん》）があらわれる。龍郷湾を右手に見ながら進むと、突如、巨大な焼酎ボトルが3本、どんどどーんとあらわれる。

右から順に、「ＪＯＵＧＯ」「浜千鳥乃詩《はまちどりのうた》」「高倉《たかくら》」。奄美大島酒造《あまみおおしましゅぞう》である。

「ＪＯＵＧＯ」の生まれる場所にたどり着いたくじらとくっかるは、奄美大島酒造の工場へおじゃました。

出迎えてくれた工場長の伊勢員尚《いせかずひさ》さんは、何度目かの訪問になる我々の顔をおぼえてくれたようす。以前、おじゃました時には、ダンディーな声で酒造りへの情熱を語ってくれた伊勢さん。そのまなざしはカンカン照りの太陽のように熱かった。

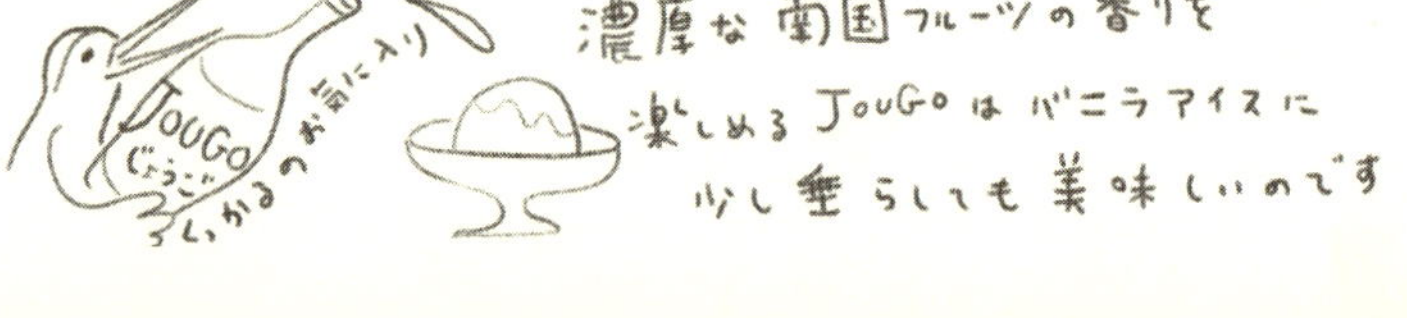
JOUGO
じょうご
くっかるのお気に入り
濃厚な南国フルーツの香りを
楽しめるJOUGOはバニラアイスに
少し垂らしても美味しいのです

「工場、見ますか?」

この日、伊勢さんにかわって案内をしてくれたのは、杜氏《とうじ》を務める安原淳一郎《やすはらじゅんいちろう》さん。1997年に入社して、前任の杜氏・竹山茂機《たけやましげき》さんのもと、焼酎造りを学び、2013年に杜氏になった人だ。

伊勢さんと同じく、安原杜氏も熱く、杜氏になるまでの間に、あれやこれやと湧きあがっては、いつか試そうとためておいた創意工夫の数々を、現在の酒造りに生かしているらしい。

杜氏はいわば酒造りの現場監督である。安原杜氏曰く
「造り手たちの気持ちは、不思議と味にあらわれる」

らしい。だから、杜氏として、スタッフが心をひとつにして酒造りに取り組めるように配慮することが大事なんだという。そんな安原杜氏の案内で、奄美大島酒造の見学ルートをひと巡りしてみる。

まずは黒糖の部屋。一袋《いったい》30キログラムの黒糖が入った段ボールのひとつを、安原杜氏がざくざくとカッターで開封すると、地層のような黒糖のかたまりが顔をのぞかせる、おひとつどうぞと、小さなかたまりを味見にいただく。

奄美や沖縄では黒糖も身近なものだが、東京では料理に使うことはあっても、そのものをカリカリかじることとあまりない。だから、どんな味がするのかすっかり忘れていたが、茶色

浜千鳥乃詩 原酒
「浜千鳥乃詩」原酒を7年以上熟成させた古酒。38度。

浜千鳥乃詩
黒糖の優しい香りとコクがあり、口当たりの良い代表銘柄。

いかたまりを口に含むと、鼻から脳にかけてコクのある甘さが広がって、そうそう、この濃さが黒糖だったと思い出した。

「うちでは1年に16万5000袋《たい》の黒糖を使っていて、ひと仕込みにつき38袋を使います」

そうすると、1杯あたりどのくらいの糖質が含まれるんだろう？　と、くじらは想像しかけたが、「黒糖焼酎は糖質ゼロ！」という、くっかるの言葉を思い出した。

奄美大島産黒糖とじょうご川からできる味

「JOUGO《じょうご》」はもちろん、奄美大島酒造《あまみおおしましゅぞう》のお酒のすごいところは、原料の黒糖がすべて奄美大島《あまみおおしま》産であることだ。ここで、奄美大島なんだから黒糖も奄美大島産じゃないの？　と思ったとしたら黒糖素人。実は、黒糖をふくむ「糖」が訳ありの存在で、黒糖、ざらめ、白糖など、同じサトウキビからつくる砂糖でも、何をつくるか、どの地域でつくるかで、国からの補助金があったりなかったりするのだ。

　その補助金の有無がお値段に反映されるので、黒糖づくりに補助金がついている沖縄産の黒糖が一袋《たい》6500円だとしたら、奄美大島産は一袋1万円ぐらいになるらしい。ちなみ

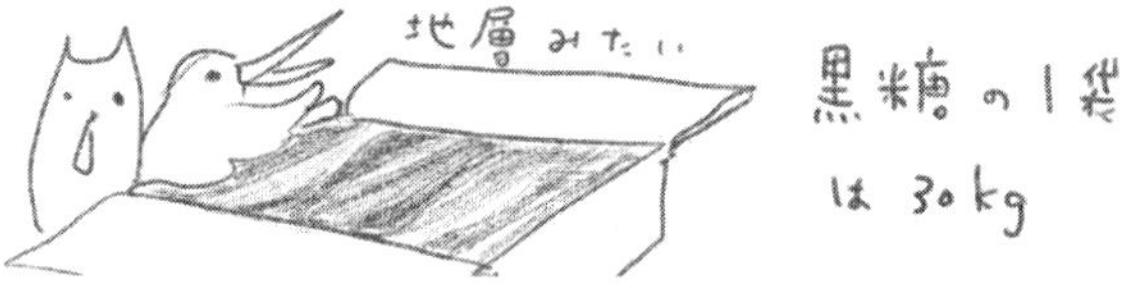

に、ボリビアやタイでつくられる外国糖なら一袋４０００円ほどとお手ごろなので、外国糖を選ぶ蔵もめずらしくない。とはいえ、地元産の黒糖で造られた焼酎を贔屓したくなるのが人情というもの。奄美大島酒造の場合は、関連会社に製糖工場を持っているので、地元産黒糖を使用した焼酎造りが、現実的に叶えられているのだ。

安原杜氏《やすはらとうじ》が、趣向を凝らして造ったお酒は、２０１５年の鹿児島県の鑑評会で県内１位の評価を得た。それはきっと、審査員に黒糖の味が届いたからだと安原杜氏は考えている。

「奄美産の黒糖の味わいが認められたということ。島でサトウキビをつくっている農家さんも一緒に評価されたようで嬉しいです」

「ＪＯＵＧＯ」はトロピカルな香りがするが、黒糖の「溶かし方」にもひみつがあるらしい。黒糖の溶かし方は蔵によって少しずつ異なっていて、奄美大島酒造では「個体仕込み」といわれる方法を一部に採用して黒糖を溶かしている。

個体仕込みとは、さっき味見した黒糖のかたまりを、半分だけ溶かし、もう半分を固形のまま投入する手法だ。かたまりの黒糖が、もろみの熱でゆっくり溶けるまで、そっとしておくと、フルーティーな香りが出てくるのだという。

いろいろ知ってくると今度は、「ＪＯＵＧＯ」の名前の由来が気になってくる。そこでなぜ「ＪＯＵＧＯ」と言うのか聞いてみると、奄美大島酒造のお酒は工場の2キロメートル先

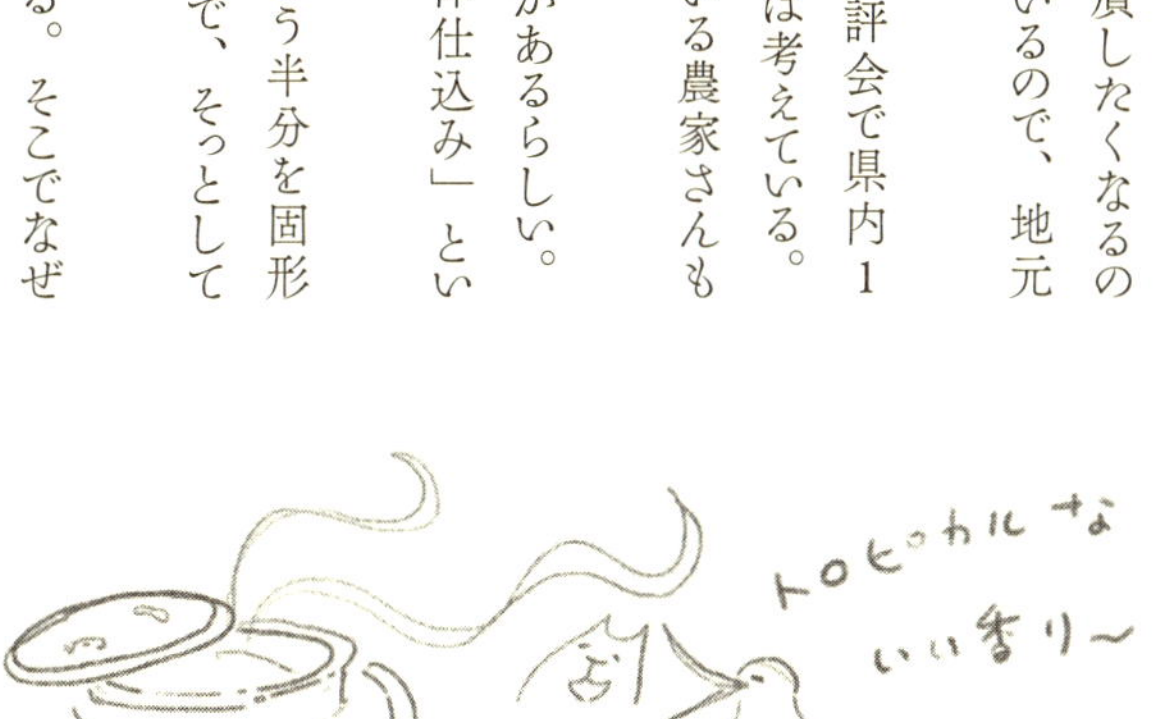

にある、地元の名水「じょうご川」の水を使っているからだという。

「34年前の昭和57（１９８２）年に美味しい水を求めて工場を移したんです。うちではそのじょうごの水を仕込みに使っています」

じょうごの水は、ミネラルもたっぷりなのだそう。奄美大島産の黒糖にこだわり、地元の名水で仕込んだお酒は、最低2年、寝かされる。

「寝かさないと味がぴりぴりするんです」

工場を後にして、お酒たちが寝る部屋にもおじゃました。奥にある少し年季の入ったその場所からは、どことなくパイナップルのような香りが漂ってくる。

「減圧（蒸留）するとフルーティーになるんですが、それを古いタンクで寝かすと、パイナップルのような香りがついてくるんです」

同じように並んだタンクでも、どのタンクに入るかで香りが微妙にちがってくるらしい。トロピカルな香りの謎が、だんだん紐解けてきた。

杜氏さん曰く、最近、群島一の飲み屋街、屋仁川《やにがわ》では「ＪＯＵＧＯ」を飲んでいる人が増えているらしい。

「ＪＯＵＧＯはサトウキビの香りがするとも言われるんです。呑み手も年がいくと地元の香りを欲するから、うちでは奄美の砂糖にこだわっているんです」

やんご（減圧蒸留、樽貯蔵）
樫樽の香りが優しい奄美大島地域限定銘柄。25度。

JOUGO（減圧蒸留）
口当たりが優しく、フルーティで爽やかな香り。25度。

熟した南国フルーツのようなＪＯＵＧＯは、「お湯割りがいい」と安原杜氏。じょうごの名水と、奄美の黒糖と、香るタンクに、まっすぐで熱い蔵の人々。お湯割りから立ち上る香りが、より一層深いものになった。

板付け舟での試飲タイム

奄美大島酒造《あまみおおしましゅぞう》には、酒好きなら絶対立ち寄るべき、呑んべえスポットがある。敷地内には工場のほかに、美術館、レストラン、お土産店があって、島の観光スポットにもなっているのだが、お土産店内に「試飲コーナー」があるのだ。

レストランとお土産店がある「浜千鳥館《はまちどりかん》」に入ると、島の伝統的な手漕ぎの船「板付《いたつ》け舟」が置かれていて、その船の上が試飲コーナーになっているのだ。そこには奄美大島酒造のお酒がずらりとならんでいる。

「ＪＯＵＧＯ《じょうご》」「高倉《たかくら》」「浜千鳥乃詩《はまちどりのうた》」などのスタンダード銘柄は、度数違いのものや原酒の味が楽しめて、リキュールなどの変わり種も味わえる。お土産店めぐりとお酒に目がないくじらの父のような観光客なら、きっと何時間でもいたくなるだろう（あくまで試飲コーナ

ーなのでご利用は節度を持って）。

「この板付け舟は、昔は移動や漁に使われた木製の舟で、夏になると奄美大島の各地で催される舟漕《ふなこ》ぎ競争《きょうそう》にも使われている、島人には馴染み深い存在なんですよ」

そういうくっかるは、奄美大島に暮らしていた時に舟漕ぎ競争に出場したことがあるらしい。なんでも、漕ぎ手と舵取り役など7〜8名でチームを組んで、オリジナルTシャツを着て一体感を強めるんだとか。

「舟漕ぎ競争には集落や職場の威信がかかっていますから、出場者は練習できる浜や舟を確保して、仕事の後夕方集まって暗くなるまで練習します。舟漕ぎ競争当日は、舟に乗らない仲間も応援に集まって、とても燃えるんですよ！」

島人たちの熱がこもる木舟の上に、造り手の熱がこもるお酒がずらりと並ぶ。奄美大島酒造を訪れたのなら、この木舟はぜひとも囲むべきである。

●くっかるの酒蔵案内・奄美大島酒造（あまみおおしましゅぞう）

奄美大島酒造は、商事会社や海運業、旅行業などのグループ企業を経営するマルエーグループが営む焼酎蔵です。初代の有村栄男（ありむら・えいお）氏が、昭和45（１９７０）年に名瀬の永田町（ながたちょう）にあった末広商会（すえひろしょうかい）より酒類の製造免許を譲り受け、奄美大島酒造株式会社として創業しました。

同年、奄美大島の酒造8社により共同瓶詰会社の奄美第一酒類株式会社が設立されると、同社に「珊瑚（さんご）」や「高倉（たかくら）」の原酒を納めつつ、自社銘柄として「神泉（しんせん）」を販売していました。昭和57（１９８２）年に水の良い龍郷町の現在地に工場を移転し、代表銘柄を「浜千鳥（はまちどり）」に変更し、その後「浜千鳥乃詩（はまちどりのうた）」と改めています。平成元（１９８９）年、奄美第一酒類株式会社が解散し、奄美大島における共同瓶詰体制は終了。同社が製造していた銘柄「高倉」は奄美大島酒造に、「珊瑚」は西平酒造に引き継がれ、今に至ります。

造りの特長は、平成19年（２００７）年以降、全ての仕込みに奄美大島産のサトウキビからつくった地場産黒糖を使用していること。系列の大型製糖工場、富国製糖（ふこくせいとう）株式会社で焼酎製造用に製糖される黒糖は、新鮮で風味が良く、品質が安定していることから酒質にも好影響を与えているそうです。

ひと仕込みに使う原料は、黒糖１１４０キログラム、米７５０キログラム。仕込み水は、蔵から2キロメートルほど離れた名水「じょうごの川」の地下１２０メートルから汲み上げ、パイプラインで引き込ん

浜千鳥乃詩 和
2種の常圧蒸留原酒をブレンド。
食中酒に向く25度。

高倉（樽貯蔵）
3年以上貯蔵後に樫樽で熟成し、
香りが豊かでふくよかな味わい。

だ天然硬水。豊富なミネラルが、もろみの発酵を助けてくれます。

レギュラー銘柄の麹（こうじ）は、タイ米に白麹仕込み。ＰＢ商品など、一部の銘柄では黒麹も使用します。容量９００キログラムの自動製麹機（せいさくき）３基を備え、コンピューター制御で麹を造っています。

仕込みタンクは、発酵温度を管理するための冷却装置を備えたステンレス製。容量２８００リットルの一次仕込みタンク14基と容量７８００リットルの二次仕込みタンク28基を備えています。二次仕込みは、蒸気で溶解した黒糖を仕込む従来法と、鹿児島県工業技術センターが開発した一次もろみに固形の黒糖を投入する製法のふた通りで仕込みます。後者は熱を加えないため黒糖の風味が残りやすく、減圧蒸留するとフルーティーさが出てきますが、熟成すると辛味が出てしまうため、従来法で仕込んだ原酒とブレンドすることで、豊かな香りとまろやかな味わいのバランスをとっています。

蒸留は、銘柄により常圧と減圧を使い分けています。容量３キロリットルの常圧・減圧併用蒸留機２台で、１日に最大５キロリットルの原酒を抽出可能です。

貯蔵は、屋外貯蔵タンク28基と熟成用の樫樽（かしだる）５００個を備え、総貯蔵量は約２７００キロリットルにもなります。原酒は銘柄により2年～7年の熟成を経て割り水の上、瓶詰めされます。仕込み水の「じょうごの水」は硬水のため、割り水すると味がくっきりとする一方、寒冷地ではオリが出やすいという問題がありました。そのため現在は、逆浸透膜式のろ過機でミネラルを除いて割り水しています。純水に近いため口当たりが柔らかく、原酒の微妙な風味がそのまま表れるのが特長です。この割り水に合わせ、原酒はややコクを強めた仕上がりになるよう造っています。

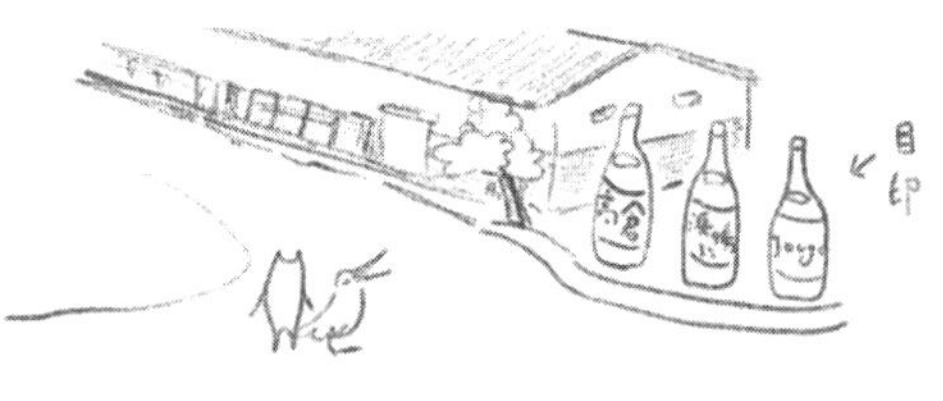

奄美大島酒造株式会社（見学可・要予約）
大島郡龍郷町浦1864-2
0997-62-3120
http://www.jougo.co.jp/

お嬢さん向け黒糖焼酎「れんと」

焼酎といえばボトルは茶色で、勇ましい書体で力強く銘柄を記したものが多い。だから、酒屋に並んだ酒瓶の姿は、時に、コワモテの男性が並んでいるかのようにも見える。そんな、さまざまな顔をした男性陣のなかに、さらり、おすまし顔で佇むきれいなお嬢さん的ボトルを見つけたら、それは「れんと」かもしれない。

美しい青色のボトルに入った「れんと」は、そのシルエットさえも、ふっくら柔らかに見える。焼酎が苦手な人に理由を聞くと、「匂いがきつそう」という意見が断然多いが、「れんと」と言えば、水色と紫色がベースのラベルに、のびやかな文字で「れんと」と書かれてあり、そこから連想できるのは、清流のようなイメージだ。

グラスに注いでみると、その清流的イメージがパーッと広がってたとえて言うなら、少し甘酸っぱい、プリンに乗っけられたシロップ漬けのさくらんぼのよう。心なしか気持ちがおだやかになるような、優しい香りがする。一口飲むと香りはすっと溶けていって、かすかなほろ苦さが残る。甘く可愛いだけじゃないところが、飽きられることのないスタンダード銘酒である所以かなと思う。くっかるが言うには、「れんと」はそもそも、女性に飲んでもらおうと女性杜氏《とうじ》らが開発に関わって造り、島外への販売に力を入れてきた黒糖焼酎だという。

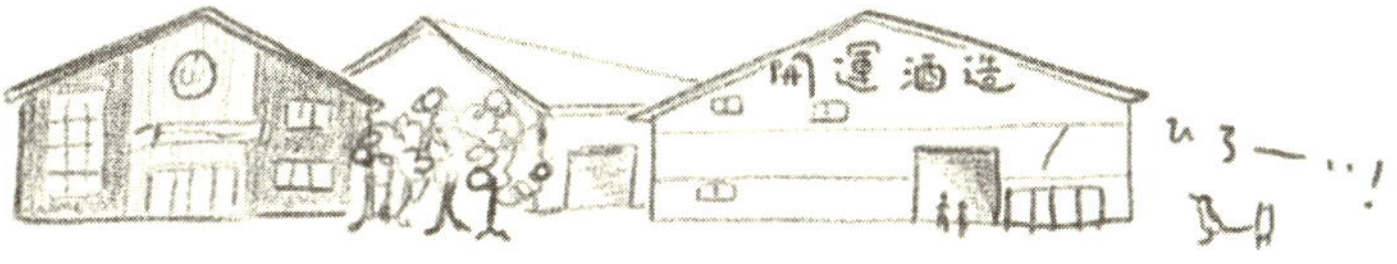

「開運酒造《かいうんしゅぞう》の初代杜氏は、渡悦美《わたりえつみ》さんという女性でした。渡杜氏らが中心となって開発されたのが、音楽用語で『ゆっくりと』という意味をもつ代表銘柄『Ｌｅｎｔｏ』（現『れんと』）。明るいブルーのボトルは、お店で女性が手に取りやすいようデザインされたんですよ」

それには納得。ちなみに、最近では当たり前にあるブルーボトルだが、「れんと」が世に出はじめた頃は、異例だったらしい。

女性向けといえば、奄美大島開運酒造《あまみおおしまかいうんしゅぞう》に併設されるお土産店には化粧品も並んでいる。

「黒糖焼酎のもろみには、黒糖由来の抗酸化成分やビタミンと、麹《こうじ》由来の葉酸《ようさん》が含まれているんですが、こちらの蔵では、黒糖もろみ特有の成分を活かそうと、産学官共同研究で基礎化粧品を開発されたんです」

日本酒の造り手は手がきれいだと聞いたことがあったが、黒糖焼酎を造るもろみもお肌に優しいとは。その化粧品は『あま肌』シリーズといい、名前も可愛い。焼酎造りから化粧品づくりに発展できたのも、「れんと」を造る蔵ならではかもしれない。

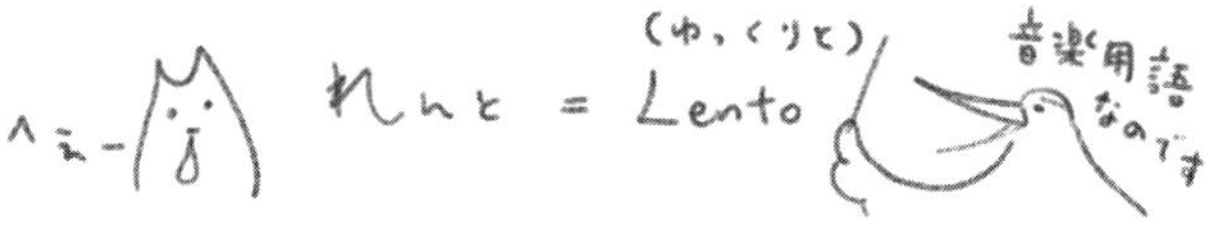

奄美大島の奥座敷で社会見学

奄美大島《あまみおおしま》に8つある蔵のうち、「れんと」の蔵は、奄美大島の奥座敷、宇検村《うけんそん》にある。北部の奄美空港《あまみくうこう》からだと、ちょうど島の反対側まで移動するイメージで、高い山々がそびえる島の南部をフォレストビュー中心のドライブで約2時間。くねくね道をひたすら進み、蔵を目指す。

宇検村に近づくと、ところどころで「開運《かいうん》の郷《さと》」という看板を見かける。

「奄美大島開運酒造《あまみおおしまかいうんしゅぞう》では、この地域（湯湾《ゆわん》）を『開運の郷』と位置付け、行政と連携しながら宇検村の産業振興にも取り組んでいるんです。特産品として、焼酎の他にもリキュールや、もろみ酢、焼酎を使ったお菓子、フリーズドライの鶏飯《けいはん》などをつくったり、『宇検食堂』というレストランや、『やけうちの宿』というお宿など、観光施設の運営にも携わっているんですよ」

くっかるからそんな話を聞きながら、蔵を目指す。それにしても、なかなか遠いぞ宇検村。どうしてまた、こんな遠い場所に蔵があるのだろうと思ったら、宇検村は奄美大島開運酒造会長のふるさとだという。酒蔵の成り立ちはいろいろあるが、奄美大島開運酒造の場合は、現在の会長が名瀬《なぜ》にあった酒蔵の免許を譲り受けた際、宇検村に蔵を移し、「お

れんと（減圧蒸留）
クラシックで音響熟成させ、すっきりした味わい。25度。

酒造りを通して宇検村のためになること」も酒造りのミッションに加えたのだという。ふるさと孝行な蔵である。

山道を延々と突き進み左手に海が見えたら、奄美大島の地図の左下にある複雑な形の湾の付近に来たことになる。この湾は「焼内湾《やけうちわん》」といい、マグロの養殖が行われている。そう、ここまでくればこれは宇検村であり、そこからあまり間を置かずに酒蔵に到着する。そこには大きな工場のような建物がいくつも並んでいた。

「大きいね〜」

これまで見てきた黒糖焼酎蔵のなかで、一番大きい蔵の入り口には、海上輸送用のコンテナが並び、中を見ると「れんと」と書かれた段ボールがきれいに積み上げられていた。コンテナの高さは2メートルほど。蔵はコンテナを4つ積んで、ようやく天井に届くほどの大きさだ。「れんと」が造られる蔵には、年間3000人以上が見学に訪れるという。いやいや、本土にある大手ビール工場には年間数万人がくるぞと思った人がいたら、ここが日本の離島であり、さらに奄美大島の奥座敷であることを思い出してほしい。なかなかの道のりにもかかわらず、年間3000人はすごい人数ではないか。

酒蔵は大人の社会見学にぴったりではあるが、案内してくれた高妻淑三《こうづまよしみ》杜氏は子どもたちにもきて欲しいといっていた。

「大人にも最適なのですが、子どもたちにとっても面白いと思うんです。カビの文化、酵母《こうぼ》の文化。日本酒とちがってできたもろみを絞るんじゃなくて、蒸留するところなんか、理科の勉強にもってこいですし」

確かに。文系まっしぐらのくじらは、「蒸留」を理解するのに随分苦労したが、お酒ができる仕組みとして学べば、楽しく理解ができるはず（といっても、お酒は二十歳になってからだが）。社会見学と言いながら、「理科見学」にもなるわけだ。

フロム・奄美・宇検

工場見学は、「黒糖」の部屋からはじまる。

一般的に、黒糖焼酎に使われる黒糖は、奄美大島《あまみおおしま》産や加計呂麻島《かけろまじま》産、徳之島《とくのしま》産のほか、沖縄産や外国産の黒糖も使用されている。奄美大島開運酒造《あまみおおしまかいうんしゅぞう》でも、原材料はワールドワイドに仕入れているのだが、この原料のやりとりを「日本と海外」で捉えると、わざわざ外国から輸入しているの？　と、違和感を感じなくもない。そこで高妻杜氏《こうづまとうじ》が一言。

「奄美大島を日本とくくっていいのかな？　って思うんです。島には独特の文化があるか

れんと生チョコ（時期限定）
れんとゼリー入りチョコレート。
バレンタイン時期の限定商品。

れんとゼリー
「れんと」の入った甘さ控えめゼリー。
アルコール度数2.9度。

ら、それを日本としてくくっちゃうと、つじつまの合わないことが多くなってしまうんですよね」

その言葉の意味を紐解くとこうである。周囲が海に囲まれていて、他地域との交流はすべて海を越えて行われる離島に暮らしていると、自分の立っている場所を「日本の一部」というよりも、独立したひとつの国家のように感じることが多い。だから、原料の仕入れにしても、「日本と海外」というよりも「島内と島外」という感覚で、単純に、島で供給できないものを、島外から手配しているというわけだ。高妻杜氏の話に、くじらは「（国内外関係なく）島の外はぜんぶ『海外』だ」と、以前、どこかの島で聞いて納得したことを思い出した。

そんな奄美大島開運酒造だが、造っている7銘柄のうち「ＦＡＵ《ファウ》」というお酒には、宇検村《うけんそん》でつくられた黒糖のみが使われている。

「『ＦＡＵ』は宇検村の農家さんが栽培したキビからつくった黒糖で仕込む限定銘柄で、蒸留して最初に誕生する香りの高い原酒を瓶詰めした初留取《しょりゅうど》り銘柄なんです。毎年バレンタインの時期に合わせて発売されているんですよ」

と、くっかる。なんだかおしゃれな名前だなと思っていたら、

「『ＦＡＵ』はフロム・奄美・宇検の略なんです」

と高妻杜氏。そこには「宇検村から愛を込めて」という熱いメッセージが込められていた。

FAU
契約栽培の宇検村産サトウキビを使用。44度。

もしも「ＦＡＵ」を贈られることがあったら、黒糖焼酎の味だけでなく、宇検村からの熱いメッセージも受け取って下さい。

音響熟成

「れんと」のラベルには「音響熟成」と書かれている。

「熟成タンク」の部屋にはいると、その直前まで聞こえていた「ごおお」という機械音がぴたりと消え、かわりにクラシック音楽が聴こえてきた。パイプオルガンやフルート、ヴァイオリンの音が盛大に鳴り響く、そこは目を閉じると教会のようである。

「音響熟成には周波数に抑揚のある音楽が最も効果的で、単調な振動だと熟成がうまくいかないのだとか。お酒に聴かせる音楽は、モーツァルトやバッハの交響曲などを中心に約１００曲が用意されているそうですよ」と、くっかる。お酒に音楽の「振動」を伝えるための装置が、熟成タンクの壁にぺたぺたとくっついていた。

「れんと」が音楽を聴きながら、その味に磨きをかける期間は３ヶ月。音楽を聴きながらじっくり眠った「れんと」が、よっこらせと目を覚まし、世に出て行く時に、必ず通る「瓶

開運伝説
新年の干支をあしらい、
毎年末に1000本限定発売。

1/f　ゆらぎ（減圧蒸留、樽貯蔵）
樫樽貯蔵で、芳醇でふわっとした
香りと口当り。20度。

詰めライン」も見学した。瓶詰めの部屋には遊園地にあるミニコースターのようなベルトコンベアがあり、青い瓶がずんずん進んできたかと思うと、途中でぐるぐると３６０度回転！　あれよあれよという間にお酒が注入されたかと思うと、今度は目にも止まらぬ早業でラベルが自動で貼りつけられ、いつのまにかおなじみの「れんと」になって、段ボールに入っていく。青い瓶たちが瓶詰ラインをくるくる動きまわるようすは、見ていて飽きない。

「昔は、夕方になるとみんなでこっち（瓶詰めの部屋）にきて、瓶詰めの手伝いをやっていたんです。今は蔵が大きくなったので分業になりましたが、手が足りなくなったときには、みんなでがーっていって。楽しかったですね。作業が終ったら事務所で『ぷしゅっ』と開けて飲んだり（笑）」

と高妻《こうづま》さん。ちなみに、その時聴いていたのはクラシックではなかったらしい。

「よく聞いていたのは、当時流行していたＪ・ＰＯＰとか。がんがんかけていましたね」

音響熟成で大事なのは「振動」だから、Ｊ・ＰＯＰでも良いらしい。しかし、水から氷ができるときに言葉を聞かせ続けると、言葉の内容によって結晶の形が変わるとも聞いたことがある。クラシック育ちの「れんと」お嬢さんに対して、Ｊ・ＰＯＰ育ちの「れんと」は、どんな女の子になるのか、くじらはたいそう気になる。

●くっかるの酒蔵案内・奄美大島開運酒造（あまみおおしまかいうんしゅぞう）

奄美大島開運酒造の前身は、昭和29（1954）年創業で旧・名瀬（なぜ）市で「東富士（あずまふじ）」「紅さんご」などを製造していた合資会社戸田酒造所（とだしゅぞうしょ）です。宇検村（うけんそん）出身でホテル業などを営んでいた渡博文（わたり・ひろふみ）氏が、ホテルにお酒を納めていた同社より後継者不在のため事業を譲りたいとの相談を受け、豊富な水に恵まれた宇検村で酒造業を興すことを決意。平成8（1996）年に酒類の製造免許を譲り受け、合資会社奄美大島開運酒造に社名を変更しました。翌年、宇検村・湯湾（ゆわん）の現在地に製造工場を開き、その後、株式会社に組織変更して今に至ります。

仕込みや割水に使うのは、湯湾岳（ゆわんだけ）山系の伏流水。口当たりのいい軟水です。ひと仕込みに使う原料は、黒糖約2トンに米約1トン。通年で製造できるよう、新鮮な黒糖をワールドワイドに調達しています。

麹（こうじ）はタイ米に白麹と黒麹を使い分け、麹造りは三角棚での手造り（1トン）とドラム式の製麹（せいきく）機（2トン）の2系統があり、銘柄によって使い分けます。二次仕込みの黒糖は、米の倍量と多めに仕込むため、蒸気で溶かしたものを2回に分けて仕込んでいます。

蒸留は、減圧蒸留機2台と、減圧／常圧兼用蒸留機1台があり、3台で1日に2回蒸留しています。

原酒はステンレスタンクや樫樽（かしだる）で貯蔵熟成されます。

割水後の焼酎を湛えたステンレスタンクが並ぶ貯蔵室には、常にクラシック音楽の音色が流れ、タンクに

紅さんご（樽貯蔵）
まろやかな風味と
樽由来の芳醇さがある。40度。

うかれけんむん
黒麹仕込み、常圧蒸留。
島内限定販売焼酎。

60

耳を当てると、焼酎が音楽で震える不思議な響きを感じることができます。タンクに取り付けたトランスデューサーが音楽を振動として伝え、水の分子を小さくしてアルコールと混じりやすくする「音響熟成」をしています。タンクの大きさはそれぞれ微妙に違うため、1本のタンクにアンプ1台を割り当てて、同じ酒質に仕上がるように音響出力を微調整しています。

株式会社奄美大島開運酒造（見学可・予約不要）
大島郡宇検村湯湾2942-2
0120-52-0167
http://www.lento.co.jp/

奄美の愛しい人「加那」

「かな」という名前を見ると、学生時代に「かなちゃん」という子が何人かいたなぁと思い出す。

「『加那《かな》』というのは奄美大島《あまみおおしま》の方言で、男性から見た愛しい女性の呼び方なんです」

と、くっかる。くじらは「かな」は人の名前だ思っていたが、奄美大島ではそうとは限らないらしい。

「たとえば、愛子《あいこ》さんなら『愛加那《あいかな》』というふうに、名前にくっつけて愛称としていたんですって。島のおじさんにニュアンスを聞いてみたところ『～ちゃん』みたいな感じで使うと聞きました」

となると、「かな」という名前の子を「愛しいかなちゃん」と言おうとするなら、「かなかな」となるわけだ。

奄美大島の「かな」では、代表的な島唄《しまうた》「行《い》きゅんにゃ加那《かな》」も有名で、その歌詞には愛しい人との別れを惜しむ島人の想いが歌われている。

行《い》きゅんにゃ加那《かな》　（行ってしまうのですか愛しい人よ）

「加那」とは
愛しい人の呼びかた
なのです
ステキな
方言

吾《わ》きゃ事忘《くとぅわす》れて　行《い》きゅんにゃ加那《かな》（私のことを忘れていってしまうのですか、愛しい人）
打《う》っ発《た》ちゃ　打《う》っ発《た》ちゃが　行《い》き苦《ぐる》しゃ　ソラ行《い》き苦《ぐる》しゃ（いいえ、発とう発とう思うのですが、行き辛いのです）

簡単な表現になってしまうが、奄美大島の島唄はとても独特である。ふるえるようで、抑揚があって、切ない、歌手の元《はじめ》ちとせさんの歌声をはじめて聴いた時には、こんな歌い方があるのかとおどろき、感動したが、裏声を多用する歌い方は、奄美の島唄独特の節まわしだったのだ。それは、チャンカチャンカ♪　と明るいリズムでにぎやかに唄われる沖縄の島唄とは全く違っていて、聞いていると楽しさよりも、切なさが込み上げてくる。言うなれば、黒人歌手が生きる苦悩を歌詞にのせ、哀愁を込めて唄うブルース音楽というところか（もちろん、明るい唄もあるのだが）。なかでも別れの歌である「行きゅんにゃ加那」は、島口《しまぐち》（＝方言）で歌詞の意味はわからなくても、涙腺のスイッチが押されて涙がこみあげてくる。

くじらとくっかるの仕事場は東京の三軒茶屋にあるが、少し前まで、池尻大橋という場所にあった。東京都内には奄美料理の専門店がいくつかあるが、その頃、池尻大橋の周辺には「ソテツ」「黒うさぎ」という2つのお店があって、奄美の人たちとお会いする時には、どちらかのお店におじゃましていた。

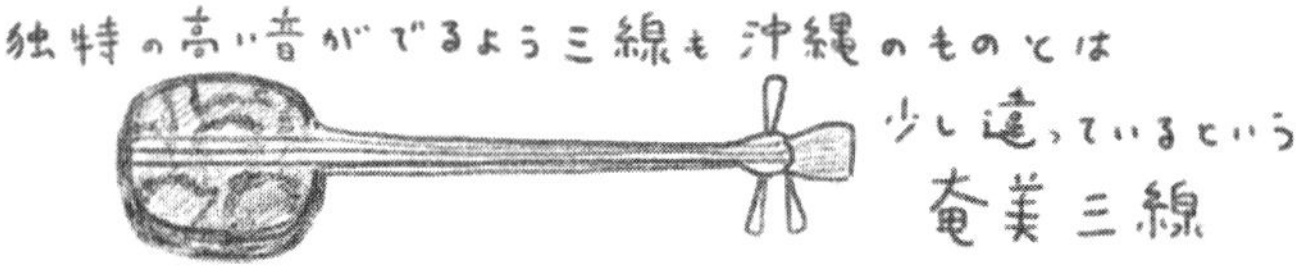
独特の高い音がでるよう三線も沖縄のものとは
少し違っているという
奄美三線

ある時、島が大好きな人たちとの飲み会で「黒うさぎ」に出かけたくじらは、奄美はぶ大使（「原《はら》ハブ屋《や》奄美《あまみ》」公認）でパーカッショニストのスティーヴ エトウ氏の紹介で、西平《にしひら》せれなちゃんというかわいい女の子に出会った。せれなちゃんは奄美大島出身で、東京で音楽活動をしているとのこと。「よかったら聞いてください」と、いただいたサンプルＣＤを後で聞くと、「行きゅんにゃ加那」をアレンジした曲が入っていた。

奄美大島には、ちょこんとした佇まいと丸っこい目が可愛らしい「アマミノクロウサギ」という天然記念物のうさぎが生息しているが、せれなちゃんもアマミノクロウサギのように可愛らしい印象の女の子である。しかし歌声は、のびやかで抑揚のある金管楽器のように美しくて、可愛さもあるけど、それよりも、内面にある強さが音になって届くから、彼女の歌声もまた、涙腺スイッチを上手に押すものだった。

黒糖焼酎のミルク割り？

せれなちゃんの実家は酒蔵で、黒糖焼酎の「加那《かな》」を造っているというから、その会では「加那」を一升瓶でいただくことにした。

加那（樽貯蔵）

タンクと樫樽で2年貯蔵。20度、25度、30度、40度がある。

しかし、この名は言い得て妙である。その香りは、美しくもあり、可愛らしさも残る、年頃の女性を連想させるからだ。美しい、切ない、愛しい。奄美の海のように美しく深い色と、想いが溶け込んだような香りから、美しさゆえに、幸薄い悲しみを、海に流してしまおうと、波間を見つめる女性が目に浮かぶ。なのに、口にふくむと、ほろ苦い甘さが感じられ、ほんの少しだけあとをひく。

くじらの脳内に、美しくも切ないイメージが張り付いた「加那」。しかし、その会が悲しげだったかというと、全くそうではなかった。

はぶ大使と酒蔵の娘が、

「加那はミルク割りが美味しい！」

と言い、お店の許可をもらって近所のコンビニで買ってきた牛乳で割って飲みはじめたのだ。かつて、芋焼酎を緑茶で割ろうとした時に「焼酎の味がわからんくなろうもん（わからなくなるだろ）」と、父親に注意されて以来、焼酎を水・お湯・氷以外で割ることに罪悪感があるくじらだが、ここでは酒蔵の娘さんが「ミルク割り」をすすめておられる。それなら大丈夫だろうと、ぐいっと試してみた。

「美味しい！」

黒糖焼酎独特の甘い香りに加えて、ほんの少しだけビターな味わいのある「加那」にミル

クが加わると、甘ったるくないカルアミルクのようになったのだ。

「今日は飲むぞ！」という飲み会の前には「胃に膜をはらなくちゃ」と、乳製品を飲んで備えているくじら。牛乳は飲んべえに優しいという刷り込みと、加那ミルクの美味しさと、飲みやすさに、もっと早く知りたかったよと、カパカパと杯をあけ、「楽しかった」「美味しかった」ことだけを覚えていて、それからどうやって家に帰ったかすら記憶に残らなかった。

ミュージシャンから蔵人へ

くじらにとって思い出も深い「加那《かな》」だが、実は、この後さらに熱く語るべき事態が待っていた。平成26（２０１４）年12月、せれなちゃんが音楽活動を休止して「島に帰る！」と言い出したのだ。

帰る理由は、蔵を継ぐため。

寝耳に水な展開。くじらを含め、彼女を知るたくさんの人が、そのことに驚いた。しかし、そこまで急を要したのには、「加那」を造る西平酒造《にしひらしゅぞう》が、いくつかの事情からピンチを迎えたからだという。せれなちゃんは三人兄弟の長女。家業の窮地をだまって見ていること

珊瑚

甕仕込みの代表銘柄。20度、25度、30度、40度がある。

はできず、東京の音楽関係者やファンらに見送られながら、島に帰っていった。

それから1年が経った頃、くじらとくっかるは西平酒造を訪れた。

応接間に入ると、せれなちゃんのお父さんで西平酒造三代目の西平功《にしひらいさお》さんが出迎えてくれて、そこに蔵の手ぬぐいを頭に巻き、蔵の前掛けをしたせれなちゃんが入ってきた。くじらとくっかるはともに、久しぶりの対面。相変わらず可愛らしく控えめな笑顔で静かに話しはじめた。

「なんかほんとに、すさまじい変化っていうか……、朝ドラになるじゃないかってくらい、壮絶な時間でした」

せれなちゃんが島に帰る直前に、お別れのイベントを開き、東京の関係者やファンの激励を受けていて、彼女自身も「島に帰って酒造りをやる！」と意気込んでいた。

「それが、帰って来たときは社員さんもみんなピリピリしていて、誰も歓迎してくれなくて……」

明るく元気な女の子が島に戻ってくる。ならば、蔵も大喜びでぱあっと明るく迎えてくれたのかと想像していたが、現実は厳しいものだったらしい。

酒蔵の娘とはいえ、アーティストとして生きてきたせれなちゃんには、酒造りの知識はなかった。しかも、経営の危機にある蔵には明るい話題がなく、歓迎されてもいないアウェイな

空気が立ち込めている。しかし「一生懸命やるしかない」と、事務、営業、製造、蔵のなかで行われるさまざまな仕事を一から勉強し、平成27（2015）年9月から、本格的な酒造りに携わった。その間の苦労がどんなものだったのかは、ただ可愛らしかったせれなちゃんに、険しい道のりを歩くなかで備わった、強さが加わっていることで察することができた。せれなちゃんの帰島は、西平酒造の酒造りが一新されることも意味していた。

新体制の西平酒造には、一時期、西平酒造でも修業をし、黒糖焼酎に限らずさまざまな蔵で酒造りを経験してきた森秀樹《もりひでき》さんが杜氏《とうじ》に加わった。しかし、一連の経営再編により熟練スタッフが蔵を離れた西平酒造では、せれなちゃんはもちろん、新たに入った現場スタッフの全員が酒造りの未経験者だった。足元もおぼつかない、心もとない蔵のなか、スタッフをつないだのは、ほかでもない「音楽」だった。

「実は、森さん（杜氏）もギターをやっていて、営業担当は本格的なベースができたんです。全パートいるから、そのうち宣伝に使おうかって話しているんです（笑）」

そう話す功社長。功社長本人が界隈で知られた音楽好きで、「加那」を熟成させるための樫樽《かしだる》倉庫をコンサートホールにしてライブを開くほどなのだ。

「音楽が好き」。はじめましての人同士が仲良くなるには、「共通の趣味」がなによりの話題である。図らずも、蔵に集まった者たちの趣味（プロもいるが）が共通だったことで、

珊瑚 15度

割り水してあるワンカップタイプの「珊瑚」。15度。

西平酒造の歯車は軽やかにまわりはじめた。

功社長曰く、小さな蔵の酒造りは、「自分でさわって、かぐ」という工程が多いぶん、酒への愛情が湧きやすいのだそう。それを受けてせれなちゃんが言う。

「ほんと、こんなにはまるとは思ってなかったです」

酒造りの期間中、タンクのなかではもろみが発酵して、ぽこぽことアルコールを造りだす。具合良く発酵するには適正な温度がある。もろみの温度が上がりすぎていないか、あるいは下がりすぎてないかを確認するため、蔵人は夜中でも、もろみの様子を見に行ったり、手入れをしたりするらしい。酒蔵によっては、温度管理を機械化するところも多いが、西平酒造では、初代杜氏をしていた、せれなちゃんのひいおばあちゃんの時代から、人の目と耳と鼻と手を使って、もろみの管理を行っているのだという。そして、その作業を引き継いだせれなちゃんは、自分で手をかけ、香りをかぐうちに、酒に対する愛情が、深まっていく。

「以前のやりかた（製造方法）では、蒸留中は蒸留がはじまるとその場から離れて、最後に止めるだけだったんですが、彼女は蒸留もつきっきりでやっているんです。実は、それで酒量がちょっと信じられないくらい増えて。ほとんど倍くらいになってコストダウンになったんです」と語る功社長が、うれしそうに続ける。

「今回造ったお酒は、伝統に新しさを取り入れたもの。焼酎業界は全体がしぼんでいて、

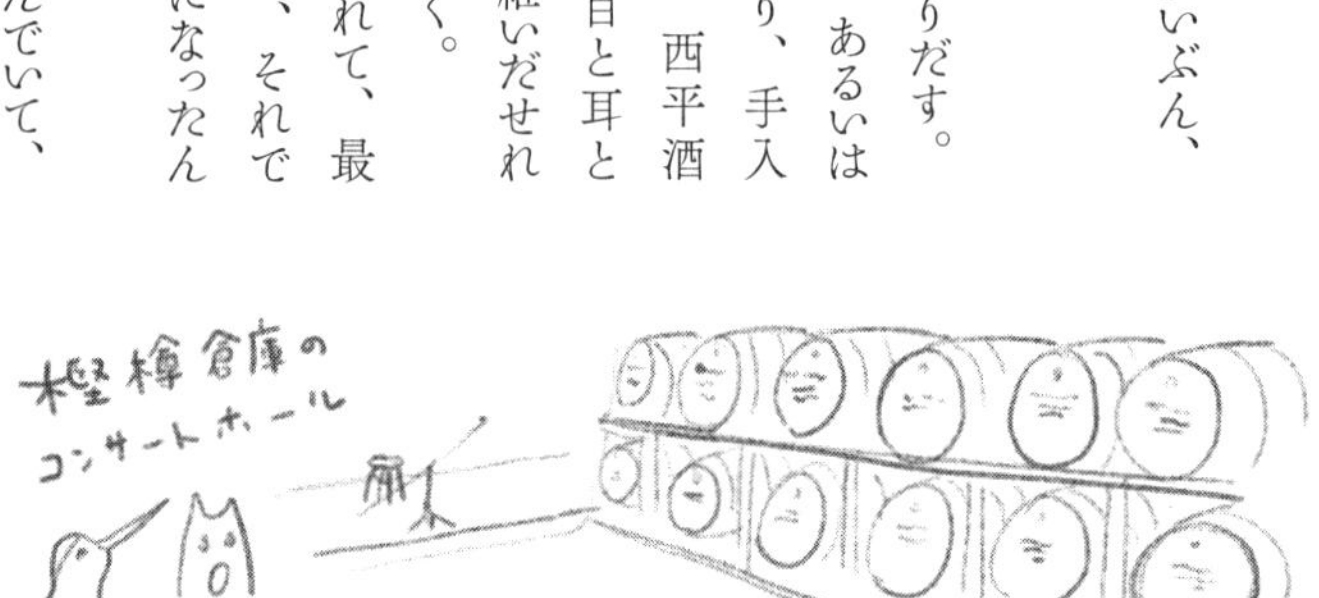

気持ちの盛り上がりが少なくなっているから、若手が増えることで新風を吹き込むことになれば……」

若い人が酒を飲まなくなり、黒糖焼酎の消費量も減っている。くじらもくっかるも、そのことは耳にタコができるほど、さまざまな場所で耳にしてきた。でも、だからといって業界が何もしていないわけではない。どうにか盛り上げようと試行錯誤が繰り広げられている。せれなちゃんが口を開く。

「こないだ、黒糖焼酎の造り手が集まる飲み会があって、私も参加させてもらったんです。そういう会はやったことがなかったらしくて、『（蔵同士が）仲が悪いのかな』って思っていたんですが、むしろ、みんなで黒糖焼酎を盛り上げようって。自分の蔵だけじゃなくて、相乗効果で、盛り上げていこうという空気があったのを、すごく感じたんです」

奄美群島《あまみぐんとう》は、奄美大島《あまみおおしま》から与論島《よろんじま》まで約２００キロメートルの間に浮かぶ離島である。物理的に海に隔てられていてバラバラだが、「黒糖焼酎を造ることができる地域」としてはひとまとまり。それぞれの蔵の「良い酒を造りたい」という想いは同じなのだ。皆が共通して抱く想いを知ることができるだけでも、せれなちゃんにとって心強いことだっただろう。

会話がほぐれてきたところで、応接間に蒸留作業をしていた森杜氏が登場し、代わりにせれなちゃんが席を立った。

珊瑚（寿）

金箔入り、化粧箱入の「珊瑚」。お祝いや贈答などに。

「以前、前の杜氏さんのもとで、こちらで勉強させてもらっていたので、焼酎造りは体でおぼえているんですけど、今は、そこに新しい知識を加えて、よりいいものを目指しているんです」

森杜氏はそういって造りについてのこだわりを教えてくれ（詳しくはくっかるの蔵案内へ）、最後に「僕の仕事は、せれなちゃんを育てることです」という、言葉を残した。

酒の神と音楽の神

話が一段落したところで、くじらとくっかるは、蒸留中という蔵を見せてもらうことにした。蔵のなかにはもわもわとした蒸気が立ち込め、「しゅーーーー、じょーーーーー、ごあーーーーー、があああああ」。そんな音が入り混じり、蒸気機関車のような音がしている。せれなちゃんは大きな蒸留器の隅で、最後の度数を測る作業をしていた。轟音鳴り響く中、大事に育てたもろみが酒にかわる瞬間。蒸留作業は酒造りを一曲の音楽にたとえればサビの部分だろうか。しばらくすると、「だんだんだん、だ、だだだだ、だ、だだだだ、じょおおおおおっ」という音とともに大きな音が止んで、蒸留が終了した。

蒸留が終わって、ふたたび応接間に戻ると、ひと仕事を終えたせれなちゃんは晴れやかな顔をしていた。

「これ、記念に持って帰ってください」

そういってせれなちゃんが「加那《かな》」のミニボトルを手渡してくれた。ボトルには丸いラベルがかかっていて、そこに「奄美《あまみ》移住計画」と書かれていた。

「観光客の人に配っていると『東京で疲れた時に眺めています』とかって言われるんです」

と、せれなちゃんが笑う。実際、西平酒造《にしひらしゅぞう》周りには、都会での仕事に疲れて奄美大島《あまみおおしま》にとりつかれた人が多数いるらしい。

「以前、私がCDをつくった時に奄美大島までレコーディングに来てくれた音楽関係の人が、『ここで農業をやる！』といって移住されたんです」

その人は西平酒造に隣接する、元紬工場だった建物で『創作キッチンｂａｒくらふと』というお店を開いている。他にも移住までは叶わずとも奄美に惹かれて、西平酒造の営業部隊に加わった元女優もいるという。

「舞台で共演した女の子が、仕事に疲れて奄美に来た時に『私、手伝う！』って言ってくれて。一升瓶をかついで東京のバーに入っていって、そこで『おもしろい！』ってお酒を置いてもらったりしているんです」

加那伝説「凛」（10年古酒）
樫樽で10年熟成させた究極の逸品。940本限定。40度。

集めようと思って集めるには、なかなか難しいユニークな人材が集まった西平酒造。「音楽をやっててよかった」と、せれなちゃんが言うのには納得である。

「帰ってきたら音楽をやめて、集中してやれって周りから言われると思っていたんですが、逆でした。むしろ『どっちもちゃんとやりなさい』って。どっちもやることで、どっちもよくなるって」

そう聞いた功《いさお》社長が、「酒の神と音楽の神は通じてるんだ」と言いはじめる。

「酒は神と人とをつなぐもの、音楽もそう。島ってぜんぶそうじゃない。シャーマンとか。それでひとつになる。酒、音楽、唄、おどり。それらは別の次元をつくっていっている」

そう言われて、もしもこの島から酒と音楽と唄と踊りが消えてしまったらと想像すると、……それはそれはものさみしい場所になるのかもしれない。

「日本酒は酒造りの唄があるから、うちでも一曲つくろうか」

功社長が楽しそうに話す。すると、せれなちゃんが、

「こないだ森さんが、『これ（酒造りの作業）は、リズムが大事だから唄を歌いながらやるといいんだよ』っていうから、常田《つねだ》（スタッフ）が『この～きなんのき～もりひでき～（森杜氏《もりとうじ》のお名前）』ってやってた」

と笑った。近い未来にこの蔵からオリジナルの酒造り唄が聴こえてくるのか。奄美大島の「愛しい人」は、苦難をのり越える人々と、にぎやかな音楽のなかで醸されている。

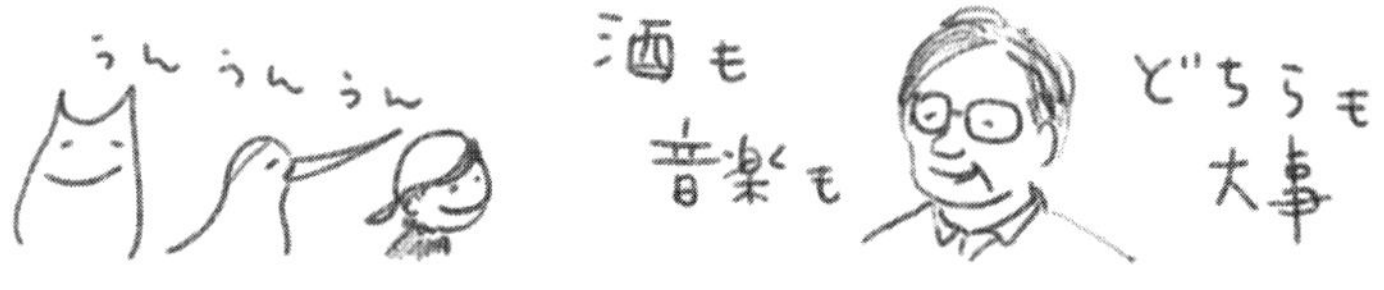

●くっかるの酒蔵案内・西平酒造（にしひらしゅぞう）

西平酒造の創業は、昭和2（1927）年。沖縄出身の西平守俊（にしひら・もりとし）氏が喜界島（きかいじま）で創業し、妻のトミ氏が杜氏（とうじ）となり、泡盛の酒造場として事業をはじめました。太平洋戦争のさなか空襲で蔵が焼け、終戦の翌年に奄美大島の現在地に移転し、今に至ります。

敗戦後、奄美群島がアメリカ軍政下におかれ、本土との物資流通が途絶えたなか、昭和27（1952）年に「巴麦酒株式会社」を設立し、島民が求めるビールやサイダー、乳酸飲料などの嗜好品製造も一時手がけました。同社の「トモエビール」は奄美群島の日本復帰後、数年で姿を消したため、幻の地ビールといわれます。

仕込み水には、蔵の裏山から引いた軟水の地下水を使用しています。麹（こうじ）は国産の破砕米に白麹造り。黒糖は沖縄産を主に、不足分をボリビア産やタイ産でまかなっています。

造りの特徴は、甕（かめ）仕込みと半麹（はんこうじ）。麹と水、酵母（こうぼ）を一次仕込みした甕に、二次仕込みで「半麹」（一晩だけ寝かせた熟成時間が半分の麹）を加えます。手間のかかる方法ですが、ゆっくりと麹を糖化させることで米の旨味が引き出され、ふくよかな香りと味わいを生みだしてくれます。三次仕込みでは、もろみをホーロータンクに移し、蒸気で溶かした黒糖を加えます。発酵中のもろみに適度に櫂入れをすると、熟成して焼酎に甘みが出てくるそうです。

蒸留は、原料の香りと味わいを引き出す常圧蒸留。蒸留した原酒は、最低1年以上かけて貯蔵されます。「珊瑚（さんご）」はタンクで1年以上貯蔵。「加那（かな）」は樫樽（かしだる）で1年貯蔵し、更に

加那 金箔入り（樽貯蔵）

金箔入りでピンクボトル入り。プレゼントに。16度。

74

タンクで1年熟成させています。「時間がかかっても酒質を守るため、貯蔵期間だけは譲れない部分」と造り手は力を込めます。

大型のホーロータンクや80個の樫樽を合わせた蔵の総貯蔵能力は、約275キロリットルにもなります。過度な原酒のろ過をせず、タンクで貯蔵しながら自然に浮いてくる油脂分を何度も丁寧に取り除き、原酒に溶け込んだ油脂分を上手に残しながら長期貯蔵することで、芳醇な香りと旨味がもたらされます。雑味のない、どっしりとした味わいは、丹念な仕事の賜物です。

西平酒造 株式会社（見学可・要予約）
奄美市名瀬小俣町11-21
0997-52-0171
http://kana-sango.jp/

八千代の「縁」

奄美大島《あまみおおしま》の「酒屋《さかや》まえかわ」で、「面白いお酒はありますか？」と尋ねたところ「八千代縁《やちよえん》」という銘柄を教えてくれた。なんでも、西平本家《にしひらほんけ》が造る「八千代《やちよ》」の限定酒らしい。

「『八千代』は西平本家の旧代表銘柄。蔵の創業以来90年もの間、造り続けられた銘柄で、奄美群島《あまみぐんとう》の歴史とともに歩んできたお酒なんです」

と、くっかるが言う。「君が代」で「千代に〜、八千代に〜♪」と歌われる、その言葉の意味を改めて調べると、「非常に永い年代」。まさに永い歴史がある銘柄というわけだ。

「酒屋まえかわ」で教えてもらった「八千代」の「縁」は、蔵の創業90周年を記念して造った限定酒だそうで、なんと「白麹《しろこうじ》」「黒麹《くろこうじ》」「樫樽《かしだる》貯蔵」の原酒がブレンドされているという。

くじらはなんとなしに「白麹」「黒麹」「樫樽貯蔵」を混ぜるのはご法度だと思い込んでいたし、歴史のある銘柄であればなおさら、新しい手法を取り入れてはいけないと思っていたので、その斬新さに驚いた。

酒を飲んでみてさらにびっくり。あれこれブレンドしたというのに、むしろすっきり、雑味

八千代

蔵の旧代表銘柄。1年貯蔵。20度、25度、30度がある。

のない美しい上品な味だった。

西平本家の蔵は、大正時代から続くだけあって見た目もレトロである。でも、そこから生まれるお酒は、いたって柔軟である。西平本家の小俣都美夫《こまたとみお》杜氏《とうじ》は、

「新しいものと、歴史的なもの。それをうまくやらないと、生き残れないからね」

と言っていた。「縁」にブレンドされる3種類の原酒にも、それぞれに深い歴史がつまっている。一つひとつは伝統的でも、組み合わせれば新しいものになる。それもまさしく良縁である。

世界一のニシピーラ酒造へ

「八千代《やちよ》」を造る蔵・西平本家《にしひらほんけ》は、奄美市《あまみし》の中心から少し離れた古田町《ふるたちょう》にあって、蔵の近くの小俣町《こまたちょう》には、『死《し》の棘《とげ》』で知られる小説家・島尾敏雄《しまおとしお》氏が暮らしていた宿舎跡がある。

「島尾敏雄氏は、旧鹿児島県立図書館奄美分館の初代館長を務めました。今もNPO法人島尾敏雄顕彰会によって一家が暮らしていた館長宿舎跡が保存されているんですよ」

くっかるがその歴史を教えてくれた。昭和61（1986）年に亡くなった島尾敏雄氏は、昭和30年代～40年代にこの地で暮らしていた。島尾敏雄氏の息子で、写真家や作家とし

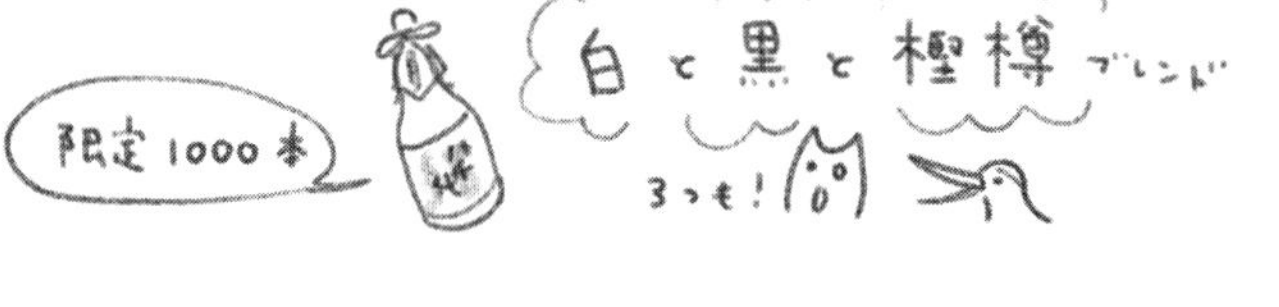

て活躍する島尾伸三《しまおしんぞう》氏は、自らの少年時代をモデルにした小説『ケンムンの島』のなかで、西平本家がモデルだと思われる「ニシピーラ酒造」という酒蔵を描いている。

「『ケンムンの島』には、焼酎蔵の排水口から、焼酎かす混じりの熱湯が吹き出るのを見た近所の人たちが、桶や洗面器を持って集まってくるようすなども書かれています。焼酎蔵の存在が人々の暮らしに溶け込んでいる描写から、昔からこの蔵が地元で愛されてきたことが分かりますよね」

いまとなっては、どの蔵でも酒造りの過程で生まれる「かす」は農地に撒くなどして、厳格に処理されるので、「排水口から、焼酎かす混じりの熱湯が吹き出る」ことはないらしいが、かつては、焼酎交じりの水が流れていたということだろうか。くじらが「焼酎が流れ出てくる排水口」に、蛇口からオレンジジュースが出てくる某県のイメージを重ねて妄想している間に、「ニシピーラ酒造」へ到着した。

蔵では島尾伸三氏と同じくこの地で生まれ育ち、焼酎を造って30年になるという小俣《こまた》都美夫《とみお》杜氏《とうじ》が出迎えてくれた。

生まれてからずっと、この近辺で暮らしているという小俣杜氏は、生の「ニシピーラ酒造」を知る人物でもある。

「ぼくが小さかった頃、焼酎は量り売りでね。お使いで近所の店にコップを持って行き、一

氣（白麹）
白麹仕込みで上品な風味。
1年半貯蔵。25度。黒麹仕込みの
「氣 黒麹」は、よりコクのある風味。

旧鹿児島県立図書館奄美分館 館長宿舎跡
奄美市名瀬小俣町20-8（小俣町集会所向かい）
管理者：NPO法人島尾敏雄顕彰会

杯分をこぼさないよう大事に持ち帰ったんだよ」

その時の焼酎は「八千代」。大人になった小俣杜氏は、子どもの頃から慣れ親しんできた香りを醸す人となった。

「島尾敏雄の息子は、ここの蒸留酒を世界一って表現で描いてくれたんです」

小俣杜氏がうれしそうな顔で語る。前述の『ケンムンの島』には、確かに「ニシピーラ酒蔵のセヘ（お酒を指す方言「セエ」の旧かなづかい）は世界一の蒸留酒」と書かれている。

三本首の龍と紳士な杜氏

小俣杜氏《こまたとうじ》の案内で事務所におじゃますると、壁や棚に、蔵の歴史を彷彿させるレトロなアイテムが並んでいて、ホーローの板に「泡盛　八千代《やちよ》」と書かれた看板があった。

「もとは喜界島《きかいじま》で泡盛の酒造所として創業して、そのあとここ（奄美大島《あまみおおしま》）に移ってきたんです。「泡盛」の看板はそのなごりですね」

ホーロー看板に「59番」とあるのは、なんと当時の電話番号らしい。「戦争前のあれじゃね」と小俣杜氏がおだやかな笑顔で笑う。その並びには、ニカッと笑う太陽のもと、懐かし

島一番ゴールド（樽貯蔵）
原酒を樫樽で熟成。
香りとコクが豊か。40度。

せえごれ
蔵の代表銘柄。ラベルデザインは
元ちとせさん。25度。

い雰囲気のレタリング文字で「黒糖焼酎」と書かれた、レトロなボトルも置かれていた。

各蔵には、蔵を代表する代表銘柄というものが決められている。西平本家《にしひらほんけ》では少し前まで「八千代」が代表銘柄だったが、最近「せえごれ」という銘柄に交代した。筆文字で勢いよく「せえごれ」と書かれたラベルは、奄美大島出身の歌手・元《はじめ》ちとせさんが書いたものらしい。

「大酒飲みのことを『せえごれ』というんです。ここ（奄美大島）ではお酒のことを『セエ』といって、『ごれ』は『飲みすぎ』のこと。ここでお酒といえば黒糖焼酎のことだから、『セエ』といえば黒糖焼酎のことになるんです」

小俣杜氏に蔵の特徴を訊ねると、「見ればわかります」と蔵へ向かって歩き出した。

そこには、天井の高い蔵のなか、龍のようにそびえ立つ蒸留機があった。

「龍のように」って、君は龍を見たことがあるのかと言われたら、「すみません」である。しかし、ギリシャ神話とか日本昔話とかドラゴンボールとかに出てくる、いろんなタイプの龍は記憶にあるから、ある程度、脳に龍がストックされているわけで、「なんというか、つまり、首が3つあるタイプ」の龍が西平本家にいたのだ。

「ワタリが3本あるんですね」

くっかるが、あっさりと言う。「ワタリ」とは「蒸留機のネック（首）」のことで、蒸留機

天孫岳（アマンディ）

樽貯蔵。原酒を2年間樫樽貯蔵。
樽由来の芳醇な香り。

WANORUM

白麹仕込み樽貯蔵原酒と
黒麹仕込み原酒をブレンド。25度。

の釜から3本に分かれて伸びるワタリが、龍のように見えたのだ。これまで見てきた蒸留機はワタリが1本のものが多かったが、ここにある蒸留機はワタリが3本。それが酒造りにどう影響するのだろう。

「ワタリの高さによってとれるアルコール濃度や香味成分が変わるんですが、この3本のワタリからそれぞれ違ったタイプの原酒が取れるんです」

と小俣杜氏。それぞれの首から違うタイプの原酒がとれるから、来年の仕込みでは、試しに下のワタリだけでとってみることを考えているらしい。この龍のような蒸留機が、ニシピーラ酒造のポイントなのか。小俣杜氏は、

「蒸留機はぼくが来る前からあったものだから、ボケがはいっとるかもしれん」

なんて笑うが、酒造りの前には全パーツを分解し、洗浄して、組み立てながら丁寧に使ってきたわけだから、小俣杜氏とこの龍は、長年連れ添ってきた良きパートナーのようにも見えた。

3本首の蒸留機が置かれた場所からさらに奥に進むと、ドラムと三角棚が置かれているのだが、この三角棚が大きい。他の蔵で見かけた三角棚を2つくっつけたように大きいから、棚のなかで麹《こうじ》を混ぜ返す作業も、4人がかりで行われるらしい。

「冬場は冷え込んだら大変だからね。パッとやらんといかんのよ」

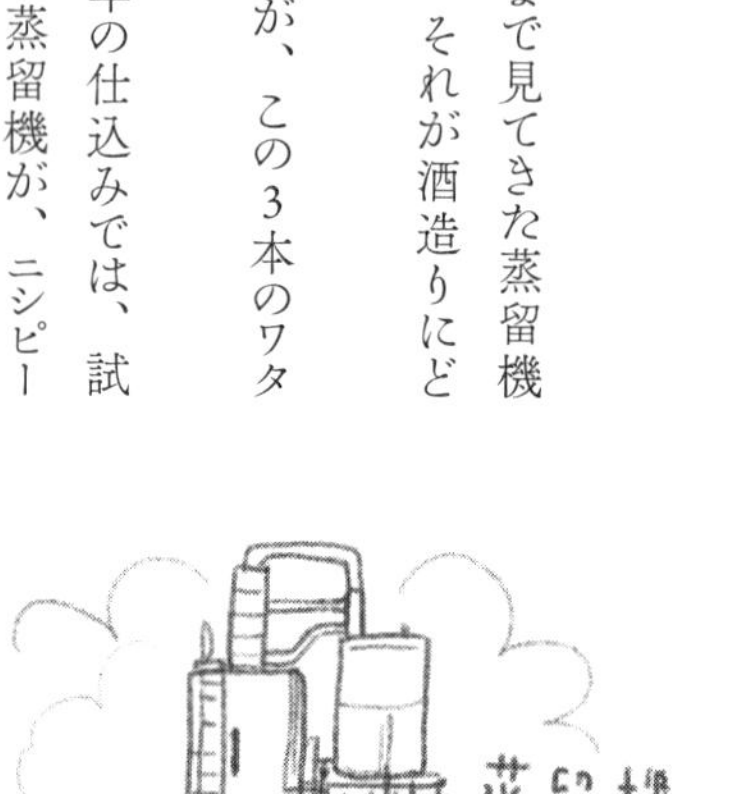

大きな三角棚で造られた麹は、その後、バケツで一時仕込み用の甕《かめ》に移される。麹は重たいからバケツで運ぶのは大変だなぁと思っていたら、それよりも黒糖を運ぶ作業のほうがハードらしい。黒糖を溶かす大鍋に、黒糖の塊を投入するには、数段登らなければならない。一袋《いったい》30キログラムの黒糖は、硬いし重いものだから、手で持ち上げる作業は、なかなかの力技である。

しかし、力のいる作業が多いからといって、ガシガシと作業を進めるのは、小俣杜氏の美学に反するという。毎日もろみをかき混ぜる作業が行われている二次仕込みでも、

「量が多いから混ぜるのも4人がかりですが、乱暴にしたらいかん。どんな工程でも女性をいたわるように、心を込めてやるのが大事なんです。僕の仕事は、とにかく丁寧に造ることだから」

と紳士なのだ。語る口調は、どこを切り取ってもおだやか。丁寧に醸されたもろみを、3本首の龍が蒸留し、美しい香りのセエができ上がってゆく。「世界一の蒸留酒」は紳士な杜氏が造る酒だった。

あと10年すればニシピーラ酒造は100周年を迎える。小俣杜氏は、

「僕の仕事はね、とにかく丁寧に造ること」

と、重ねて言った。

八千代 益益繁盛

二升半（4500ml）瓶入り。
開店祝いなどに。25度。

奄美大島（樽貯蔵）

タンク貯蔵後の原酒を
1年間樫樽で熟成。25度。

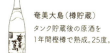

●くっかるの酒蔵案内・西平本家（にしひらほんけ）

西平本家の創業は、大正14（1925）年。沖縄出身の初代・西平守常（にしひら・もりつね）氏が喜界島で開いた泡盛の酒造所が蔵のルーツです。昭和2（1927）年に奄美大島の現在地に移転し、平成27（2015）年に創業90年を迎えました。旧代表銘柄の「八千代（やちよ）」は、創業時から受け継がれてきた歴史ある銘柄です。

造りの時期は1月下旬から5月初旬ごろまで。雑菌を防ぐため、気温の低い時期に集中して製造しています。ひと仕込みに使う原料は、黒糖750キログラムに米690キログラム。麹（こうじ）には主に西日本産の国産米を用い、銘柄により白麹と黒麹を使い分けています。黒糖は沖縄産をブレンドしています。

製麹（せいきく）は、大きな三角棚で4人がかりの手造り。通常は2日間かけて麹を熟成させますが、「半麹」といって、一晩だけ寝かせた熟成時間が半分の若い麹を造り、二次仕込みとしてもろみに加える工程が、造りの特徴の一つです。

一次仕込みの容器は、昭和30年～40年代から使い込まれた19本の甕（かめ）。ひと仕込みに6本ずつ使用し、二次仕込みで半麹を加えます。こうすることで麹の糖化がゆっくりと進み、米の旨味が引き出されます。三次仕込みでは、蒸気で溶かした黒糖をもろみと合わせて大きなホーロータンクに仕込みます。

造りのもうひとつの特徴が、「単式常圧蒸留器 可変式三方弁」です。高さを調節できる3本のネックを通して蒸留することでアルコール濃度・旨味・香りが異なる原酒を抽出し、それらを合わせることで、原酒に奥行きのある味わいがもたらされます。

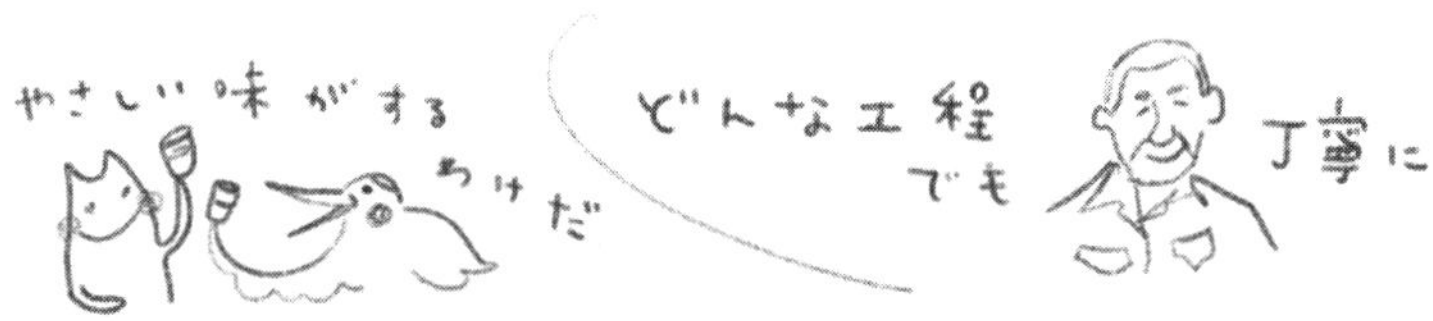

原酒はホーロータンクや樫樽（かしだる）に貯蔵され、1年以上の貯蔵熟成を経て商品化されます。貯蔵しながら浮いてくる余分な油脂分は、そのつど丁寧に取り除きます。時間をかけて熟成させることで酒質がまろやかになり、豊かな風味が花開きます。

製造後に出る焼酎かすは、地元の農地で肥料としてリサイクルされています。また、焼酎を詰める一升ビンや五合ビンを回収し、高温スチーム殺菌して再使用するなど、環境に優しい焼酎造りにも取り組んでいます。

株式会社西平本家（見学可・要予約）
奄美市名瀬古田町21-25
0997-52-0059
http://www.kokutou-shochu.com/

千客万来の蔵へ

陰暦三月の異名でもある「彌生《やよい》」の名が付く黒糖焼酎は、洋酒のようでありながら、どこか親しみやすさが感じられる和風っぽい香りだ。たとえて言うなら、隠し味に洋酒をいれた和菓子というところか。30度のお酒に口をつけると、少し強めのアルコールを感じるものの、そんな甘さがすっと消えて、喉を通る軽い心地が楽しくて、次々と飲んでしまう（そうやっていると、ついつい酔っ払ってしまうのだが）。

「彌生」を造る弥生焼酎醸造所《やよいしょうちゅうじょうぞうしょ》には、オレンジ色のラベルにポップな書体で「まんこい」と書かれた銘柄がある。実は、くじらが黒糖焼酎に出会った頃、はまった銘柄のひとつが、この「まんこい」だった。「千客万来」を意味する「まんこい」の味わいは、花が咲いたサトウキビのイラストが書かれたラベルから連想されるイメージとはちょっと違って、少し意外。黒糖というよりは樽《たる》の香りが強くて、それこそウイスキーのようなのだ。当時、くじらが飲みなれていた芋焼酎に比べると、「まんこい」はおよそ焼酎と思えないおしゃれな味わいで、近所のデパートで売っていたこともあって、「面白い焼酎があるんよ〜」と、呑んべえ仲間への手土産にしていた。

くじらにとって、「まんこい」が造られる弥生焼酎醸造所におじゃまするのは、初恋相手

まんこい（樽貯蔵）
樫樽由来の甘い香りと柔らかな口当たり。25度と30度。

彌生
初代から続く代表銘柄。25度と30度。

の実家に挨拶へ行くような感覚だった。くじらはそんな乙女心を内に秘め、くっかると蔵に向かった。

弥生焼酎醸造所は、奄美空港《あまみくうこう》から車で1時間ほどのところにある奄美大島《あまみおおしま》の中心エリア、名瀬《なぜ》の入り口にある。県道から大手チェーンのドーナツ店を目印に路地に入っていくと、正面に薄い緑色の建物が見える。そこが「まんこい」の実家である。

蔵に近づくと、ふんわり黒糖の香りが漂ってきた。夕飯づくりの最中の台所のように、もわもわとした蒸気にのって甘い香りが漂っていれば、その蔵は焼酎造りの最中なのだ。くじらとくっかるは、「彌生」「まんこい」「かめ仕込み」と書かれた蔵の大きな扉を開けた。

ふたりに気づいた川崎洋之杜氏《かわさきひろゆきとうじ》が、「ちょっと待っててね」と言い残して、蔵の奥にある蒸留機のほうに駆け寄っていった。おじゃました時刻は、ちょうど蒸留タイム。「もう少しで終わるから」と、川崎杜氏は忙しそうに蒸留機の計器とノートを交互に見比べていた。

川崎杜氏は弥生焼酎醸造所の四代目。蒸留完了を待つ間、くっかるが川崎杜氏について教えてくれた。

「川崎さんはもともと医療系が専門で、醸造を専門に学んだわけではありませんでした」

島で生まれ育った後、上京して農学研究科の大学院で学び、最初は外資系医療メーカーで研究開発をしていたという川崎杜氏。蔵を継ぐことを意識しはじめて以降、製薬会社で

営業経験を積んで、34歳で帰島。蔵入り後は、営業を担当しながら現場で焼酎造りを学んで、平成26（２０１４）年に杜氏の職を引き継いだそうだ。

「へぇ」とその説明に感心しながらもくじらは、川崎杜氏のことを全く知らないわけではなかった。川崎杜氏はブログやＳＮＳで情報発信をしていたから、インターネット上で川崎杜氏と知り合いになっていたのだ。

以前から、川崎杜氏のＳＮＳをのぞくと、焼酎造りのオフシーズンは、営業や試飲販売会などで全国を飛びまわっていて、いつも忙しそうだった。それは杜氏になった今も変わらず、黒糖焼酎をＰＲするべく、最近はドイツまで足を運んでいる。

「島外の焼酎イベントに行くと、黒糖焼酎に限らず、さまざまな産地の造り手さんと知り合えるので、そこで横のつながりが生まれることもあるそうです」

くっかるが言うには、川崎杜氏は宮崎県で麦焼酎「駒《こま》」「赤鹿毛《あかかげ》」などを造る焼酎蔵・柳田酒造《やなぎたしゅぞう》の柳田正《やなぎたただし》杜氏と「元エンジニア」同士という縁で親しくなり、酒造りで悩んだときには相談することもあるらしい。忙しく走りまわる川崎杜氏の姿を見ると大変そうにも映るが、その動きからつながりが生まれ、得られたヒントが「彌生」「まんこい」の味を深めているのだろう。

「全く別の産地だと、違った視点を持っているから、お互いに刺激になるのかも。造り手

彌生とっくり
とっくり入りで、お猪口付き。
お土産などに。

彌生ゴールド（樽貯蔵）
樫樽に3～5年貯蔵。
コクと熟成感が楽しめる。40度。

さん同士ってどんな会話をするのか、ちょっと聞いてみたくなりますね」

そんな話をしていると、川崎杜氏が蒸留作業を終えて戻ってきた。

サイエンティフィックな酒造り

ほかの杜氏《とうじ》とはちょっと変わった経歴を持つ川崎《かわさき》杜氏は、どんな酒造りを目指しているのだろう。蔵で聞いてみると、

「サイエンティフィックなお酒ですね」

と、川崎杜氏のメガネが光った。

さいえんてぃふぃっく？　と、くじらは目をぱちくり。サイエンスといえば「理科」で、サイエンティフィックといえば「自然科学」。川崎杜氏は、さすが医療メーカーの開発研究に携わっていたこともあって、ばりばりの理系だったのだ。

くじらは、どこを切っても文系人であるが、川崎杜氏の言う「余計な味のない、黒糖焼酎らしい純な味を目指している」ことには共感できる。

蔵の端には地中にうまった甕《かめ》がずらりと並び、中をのぞくと一次仕込み中のもろみが入っ

ていた。それから二次仕込みで黒糖が投入され、さらに発酵を進めて蒸留となるのだが、ここで川崎杜氏のサイエンティフィックな工夫が顔をのぞかせる。

「もろみは低温発酵させると淡麗になるので、うちではあえて高温で発酵させて味を濃くしようとしています」

こうすると黒糖の香りがより引き立ち、川崎杜氏の目指す「味の濃い酒」に近づくらしい。

弥生《やよい》焼酎《しょうちゅう》醸造所《じょうぞうしょ》の酒造りは10月末から12月下旬にかけて行われ、その間は川崎杜氏が6名の蔵子を率いて、酒を醸していく。歴史のある蔵だけに、建物自体は年季を感じるが、使われている機材はぴかぴか光るほどきれいに見えた。

「酒造りの工程では、お酒に『味のつく場所』がいろいろあるんです。たとえば、蒸留機を使い続けていると焦げ臭がつきやすくなるので、蒸留のたびに洗浄しています。それも原料本来の味を残すためなんです」

素材本来の味だけで、いかに酒の味を深めるか。川崎杜氏の工夫は、蔵のあちこちに隠れているようだった。

彌生原酒（樽貯蔵）

彌生原酒をホーロータンクで貯蔵熟成。38度。

彌生7年貯蔵（樽貯蔵）

7年以上貯蔵した弥生ゴールド原酒。40度。

島の歴史を紡ぐ糸

酒造りが行われている1階から、２階にあがって事務所におじゃますると、「彌生《やよい》」「まんこい」「黒《くろ》うさぎ」などの酒瓶とともに、古い写真や賞状が飾られていた。

モノクロ写真に写る女性は、大正11年（１９２２）年に蔵を創業した川崎《かわさき》タミ氏。川崎杜氏《とうじ》のひいおばあちゃんにあたる。

タミ氏はもともと、奄美大島の伝統工芸品である大島紬《おおしまつむぎ》の織元もしていた女性実業家で、紬製造で成した財を慈善事業に投じたことで、時の内閣総理大臣から紺綬褒章《こんじゅほうしょう》を授与された輝かしい方だという。

「女性ではじめて、旧名瀬市《なぜし》（現在の奄美市《あまみし》）の名誉市民に選ばれた名士だったそうですよ」

というくっかるが「くじらさん、知っていますか？」と楽しげな目をしている。

「蔵の裏手に、タミ氏が蔵を創業した頃に植えられた大きな桑の木があるのですが、その桑の木こそが『大島紬』と『黒糖焼酎』をつなぐ糸なんです」

糸？　と、くじらは首をかしげた。なんでも、大正時代の奄美大島では、大島紬の原料となる絹糸を生産するために、「養蚕《ようさん》」がさかんに行われていたらしい。養蚕といえば、

太古の黒うさぎ（樽貯蔵）
樽貯蔵の原酒をブレンド。
奥行きのある風味。25度。

彌生みんがめ
かつて奄美で食料保存に使われた
「みんがめ」入り。

蚕たちがむしゃむしゃ食べる新鮮な桑の葉が必要だが、一方、その当時の焼酎造りでは、桑の木の樹皮から得られる黒麹《くろこうじ》菌を使っていたので、大島紬と酒造りのどちらにも桑の木が必要だったらしい。なるほど、糸は蚕がつくる糸にもかけられていたのねと、くじらは合点した。

「今では、島内での養蚕も、桑の樹皮から麹《こうじ》菌を採ることもなくなってしまいましたが、桑の木は奄美の人々にとって身近で大切な存在だったのでしょうね」

蔵の片隅で青々と葉を茂らせる桑の大樹は、島で暮らす人々の歴史を見つめてきた大先輩のような存在なんだと、大正時代の蔵のようすを夢想しながら、くっかるはうっとり顔。弥生焼酎醸造所は奄美大島で一番古い蔵、「彌生」や「まんこい」にはそれだけ、色濃い歴史もつまっている。

紬の里（タンク／樽貯蔵ブレンド）

「弥生」と「まんこい」の原酒をブレンド。25度。

荒ろか

黒糖の香りと旨味を残した粗ろ過仕上げ。25度。

●くっかるの酒蔵案内・弥生焼酎醸造所（やよいしょうちゅうじょうぞうしょ）

弥生焼酎醸造所は、奄美大島で最も老舗の蔵です。大正11（1922）年の3月に泡盛の蔵として創業し、代表銘柄と社名は「弥生（やよい）」と名付けられました。蔵のある奄美市名瀬小浜町（こはまちょう）は「唐浜（からはま）」という地名だったことから、弥生の泡盛は親しみを込めて「唐浜ゼー（唐浜の酒）」と呼ばれたそうです。

ひと仕込みに使う原料は、黒糖600キログラムに米300キログラム。黒糖は沖縄産をブレンドして使用しています。麹（こうじ）はタイ米に、銘柄により白麹と黄麹を使い分けています。焼酎造りに黄麹を使うのは比較的珍しいですが、黄麹を使うことで芳醇さと深く丸みのある旨味が出せるそうです。麹造りはドラム式の自動製麹（せいきく）機で行いますが、破精込み（はぜこみ）といって、麹菌がしっかりと原料米に繁殖するように、気候によって米の蒸し温度や蒸し時間を変えるなど調整をしています。

一次仕込みは甕（かめ）に仕込み、毎日櫂（かい）入れをします。ホーローやステンレスのタンクへもろみを移し、黒糖を加えて二次仕込みし、温度がピークを迎える3日目以降は櫂入れせず、発酵による自然の対流に任せます。もろみの温度が上がりすぎる場合は、冷却装置を使用して適温に冷まします。

蒸留機は、容量1.5トンの常圧蒸留機を新旧2台備えています。平成16（2004）年に導入した新しい蒸留機は、5つの圧力口を備えたもので、高圧の蒸気を均等にもろみに送ることでコクと香り

瓶仕込（黄麹仕込）
甕貯蔵によるトロミとすっきりした味わいが楽しめる。

碧い海（黄麹仕込）
黄麹を使用し、芳醇な香りと深く丸みのある旨味。25度。

の豊かな原酒を抽出できる特注品。蒸留機によって抽出した原酒の味わいに異なる特徴が出るため、原酒をブレンドして味のバランスを整えたり、それぞれの味わいを活かして銘柄ごとに使い分けたりしています。

心がけているのは、原料本来の味わいを素直に引き出す造り。そのために雑味を防ぐための製法を工夫し、製造設備の衛生管理にも力を入れています。蒸留機は1週間のうち4日間を蒸留に、1日間を洗浄とメンテナンスに充て、常に清潔に保たれています。

合資会社弥生焼酎醸造所（見学可・要予約）
奄美市名瀬小浜町15-3
0997-52-1205
http://www.kokuto-shouchu.co.jp/

うるわしき「あまみ長雲」姉妹

　酒場のメニューで「あまみ長雲《ながくも》」を見かけると、「おお！」と喜んでしまう。それから迷わず注文して、グラスを手にすると、まだ鼻先から10センチちかくも離れているというのに、黒糖のかたまりにぐっと鼻を近づけたような濃い香りが鼻をくすぐる。一口飲むととほんのり甘くて、上品な香りが鼻腔にふんわり届く。

「長雲」に加えて「長雲《ながくも》 一番橋《いちばんばし》」がメニューにあれば、これはもう小躍りものである。ふたつともあるなら、まずは「長雲」をいただいて、そのあと「長雲 一番橋」といきたい。どちらも甘く、上品な香りがするものだから、あえて言い表すなら、育ちのよい美人姉妹。二人の違いをあえて言うなら一番橋姉さんのほうが、南国フルーツのような、強く深い甘さを感じさせてくれる。

「長雲」という美しい名は、龍郷町《たつごうちょう》北部にある峠の名に由来している。長雲峠《ながくもとうげ》というその峠は、龍郷町北部の集落を結ぶ、急勾配の峠だったらしい。トンネルや道路が整備された現代では、ここを通ることは少なくなったと言うが、長雲峠を越える辛さを「恋しい人がいれば峠の道のりも辛くない」と歌う、「長雲節《ながくもぶし》」という島唄がのこっているぐらいなのだ。

くっかるが言うには、長雲姉妹を製造する山田酒造《やまだしゅぞう》は、かつて蔵の近くに流れる山田川

長雲 一番橋
常温で溶かした黒糖の
豊かな香りとコクが魅力。

あまみ長雲
黒糖の甘い香りと
米の旨みが魅力の代表銘柄。

にかかる「一番橋」という橋のたもとにあった農協の酒造所で酒造りをしていた現杜氏《とうじ》のおじいちゃんが、農協から免許を引き継いではじめた蔵らしい。

「車が普及し、島の各地がトンネルと整備された道路でつながるまでは、蔵のある龍郷から中心地の名瀬《なぜ》へ行くためには、本茶峠《ほんちゃとうげ》というきつい峠道を歩いて荷物を運ばなければなりませんでした。山田川にかかる橋は、峠道へ向かう際に一番目に渡る橋だったことから『一番橋』と呼ばれ、親しまれていたそうです」

と、くっかる。

「今では、長雲峠や本茶峠を通る車は少なくなりましたが、山田酒造の銘柄には、島の先人たちの暮らしの記憶が、ひっそりと息づいているんですよ」

なんとも粋な話である。

そんな長雲姉妹は、甘さと香りを楽しむにはお湯割りもいいが、炭酸水で割ってみると、ホテルのバーカウンターでいただく、お値段も立派なお酒にも引けをとらない、上品なカクテルのような味わいが楽しめる。それにしても、どちらの焼酎も、口に含むと確かに甘さを感じるから、やっぱり糖質があるんじゃないの？　と思ってしまうが、焼酎は糖質ゼロという蒸留マジック。何度聞いても不思議である。

長雲山系のふもとにある山田酒造は、たった４人の小さな蔵だが、そのお酒にはコアなファ

ンが大勢いて、くじらが山田隆博杜氏《やまだたかひろとうじ》にはじめて会ったのも、くっかるに誘われて行った、関東の長雲ファンが集まる酒場イベントだった。

「地元の水、米、黒糖で造った焼酎で奄美《あまみ》を伝えたい」

黒糖焼酎好きの店主が営む茅ヶ崎の酒場「ＨＡＰＰＹ:Ｄ《ハッピーディ》」で、たくさんのファンに囲まれながら、うるわしき長雲姉妹を醸す隆博杜氏は語っていた。

山田酒造には「山田川《やまだごう》」という米もサトウキビも１００％龍郷町産という銘柄がある。原材料が貴重なだけに、生産量はなんと、一升瓶で年間７００本だけ！　くじらにとっては、長雲姉妹のさらに高いところにいらっしゃる、雲の上のような存在である。

黒糖の香りを引き出す技

山田酒造《やまだしゅぞう》におじゃました時は、ちょうど仕込みの真っ最中で、蒸留機からはもこもこと湯気が立ち上り、黒糖の甘い香りがそこらじゅうに広がっていた。蔵の大きさは小学校の教室３つ分ほど。そこに、ドラム、蒸留機、タンク、三角棚などの機材が配置されていた。給食センターにある鍋のような巨大な容器では、黒糖がぐらぐらと沸騰している。見入ってい

山田川
自社栽培のキビと龍郷町産の米で造る限定銘柄。

島酒dining HAPPY:D
神奈川県茅ヶ崎市幸町23-16
0467-91-1911

ると、隆博杜氏《たかひろとうじ》が説明してくれた。

「『長雲《ながくも》』は沖縄産の黒糖を沸騰させて溶かすんですが、『一番橋《いちばんばし》』は奄美大島《あまみおおしま》産の黒糖を、熱を加えないで溶かします。だから長雲と、味が違うんです」

なるほど。長雲姉妹の違いは、砂糖の種類と溶かし方なのか。

「長雲」に使われる沖縄糖も、沖縄のいろんな島々でつくられているから、その日その日ごとに、向き合う黒糖はどんな味わいや個性を持っているのか、を見極めることが大事なんだそう。

「今日は西表島《いりおもてじま》と多良間島《たらまじま》の黒糖だったんですが、溶け方が違っていて30分で溶けるものもあれば、50分かかってしまうものもあるんです」

料理でいう「さしすせそ」は、料理の味を左右する最重要ポイントである。黒糖焼酎の香りや甘みも、「さ」次第。黒糖焼酎造りでは、それをどう扱うかに、造り手のこだわりが見える。

「一番橋」の黒糖は、奄美大島酒造《あまみおおしましゅぞう》と同じ富国製糖《ふこくせいとう》の奄美大島産だが、これが「山田川《やまだごう》」になると龍郷町《たつごうちょう》産限定になる。しかも、「山田川」のサトウキビは無農薬栽培で、かつ、人の手で刈りとられているらしい。機械を使わない理由は、もちろん風味を守るため。キビ刈りは、機械で細かく裁断すると酸化しがちになるので、手刈りのほうが風

きょらじま
瓶ごと冷やして、又温めて、ストレートで飲める15度。

あまみ長雲 新焼酎
新酒　蒸留して2ヶ月の新酒。荒々しく若い風味を楽しめる。

味を損なわないという。理屈は分かるが、かなりの重作業である。そこまで知ってしまうと、目の前に飲んでもよい「山田川」が置かれていたら、まずは一礼してからいただきたい気持ちになる。

見学の後、蔵の事務所で茶菓子にと「山田川」に使われている、龍郷町産無農薬栽培の黒糖を1欠片いただいた。その味わいは、こってり深く、ほろ苦い甘さ。そこから生まれる限定700本の「山田川」。もしも酒場で見つけたら、迷わずにいただきたい。

元気いっぱい蔵付き酵母

お酒造りでは「菌」が大活躍する。

山田酒造《やまだしゅぞう》の蔵見学では、麹《こうじ》菌がタイ米に入り込んでいる現場を目撃した。そこは、三角棚というお米の寝床。ドラムで蒸したタイ米に、種麹《たねこうじ》がつけられ、三角棚に移して麹菌を繁殖させるという工程。三角棚のなかでは、ちょうどタイ米たちが寝ているところだった。

「ちょっと味見してみる?」

そういって隆博杜氏《たかひろとうじ》がタイ米の粒を一粒、手のひらにのせてくれた。口に入れると、ちょっ

あまみ長雲長期熟成貯蔵

単一原酒で5年以上貯蔵。年間数百本の限定銘柄。

と酸っぱい。

「麹菌がクエン酸を出して、雑菌を防ぐんです。このお米は明日の朝には破精込《はぜこ》みますね」

「破精込み」とは、麹菌の菌糸が米の中心まで入ること。菌たちが米に入り込む（破精込みする）と、米の表面が白っぽくなる。「麹菌《こうじきん》といってもカビなんで」と隆博杜氏。そういわれると、カビたちが寝ているタイ米に、ごにょごにょと侵入していく様子が頭に浮かぶ。

「三角棚のお米は、掘り起こして、ほぐして、ならして、手入れをするんです。

麹菌の菌糸がのびたところで、ざくざく手入れをすると、菌糸がぶちんとぶち切れる。そうすると麹菌がもっとクエン酸を出して、麹菌が強くなるらしい。三角棚の手入れは砂場遊びのようだ。

「最近の焼酎業界では、全自動で麹を造ることができるドラム式の製麹機《せいきく》が主流になってきていますが、山田酒造では、米蒸しまでをドラムでして、昔ながらの三角棚で麹を手造りしているんです」と、くっかる。たった4人の蔵だから、効率化するなら全自動だが、さっとそれでは造れない味があるんだろう。

「一次仕込みは、初代から使われてきた年代物の甕《かめ》仕込み。一次仕込みでできたもろみを少し取っておいて次回の仕込みに加える『差《さ》し酛《もと》』をしているので、徐々に甕や蔵の壁などに住み着いた『蔵付《くらつ》き酵母《こうぼ》』が入っていって、蔵独特の味わいを醸し出してくれるんですよ」

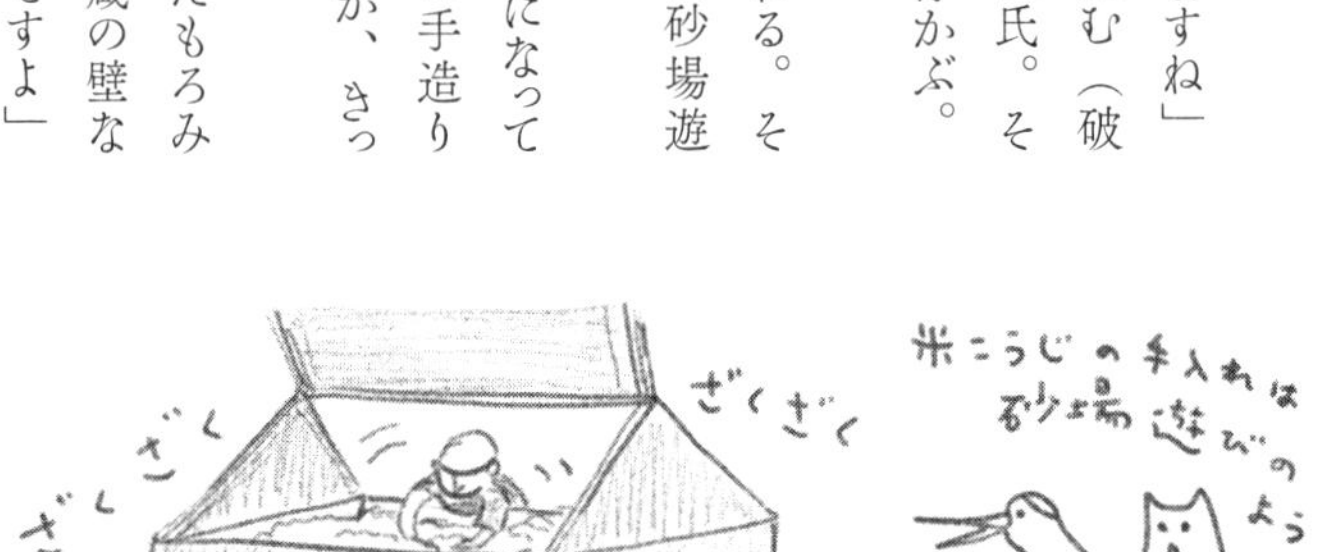
ざくざく
ざくざく
米こうじの手入れは砂場遊びのよう

「蔵付き酵母」とは、蔵に住み着いている酵母のこと。仕込みに使う種麹《たねこうじ》は、本土の種麹屋さんから買ってくる蔵が多いが、それぞれの蔵に住み着く「蔵付き酵母」も酒造りを手伝っているから、同じ材料、同じ麹菌で造ったとしても、同じ味の焼酎にはならないらしい。

「ここの酵母はにぎやかなんです」

と隆博杜氏。そう言われて仕込みタンクをのぞくと、確かに。茶色の液体がぽこぽこと騒いでいる。

一次仕込みの甕に隆博杜氏が櫂《かい》を入れて、ぐるりとひとかきすると、「バフッ！」と、元気いっぱいにもろみの泡がとびあがった。

「酵母菌が炭酸ガスとアルコールを造り出すんです。発酵する時に自分で出す熱で温度が上がるんですが、熱くなりすぎると死んでしまう。温度が上がりすぎないように冷やす機械を入れるんです」

三角棚で眠りながら強くなった麹菌たちと、蔵付き酵母たちが甕のなかで出会い、にぎやかに大騒ぎをしながら熱を出し、出しすぎると、死んでしまう。一次仕込みは5日間。6日目にタンクに移し、二次仕込みを2週間。米を蒸しはじめて21日間で焼酎になるが、その間、隆博杜氏は手の焼ける麹菌や酵母たちのようすを、注意深く観察しながら、世話している。

明日、蒸留されるというもろみは、黒糖そのままのような濃厚な香りがした。この蔵でできた酒を飲んだ呑んべえたちが「美味い、美味い」とはしゃぐ姿の後ろには杜氏はもちろん、蔵の菌たちも元気いっぱいに喜んでいる姿が見えるような気がする。

黒糖焼酎酢卵

蔵の事務所で、お母さんがお茶菓子に酢卵を出してくれた。この酢卵、山田酒造《やまだしゅぞう》のオリジナルレシピで黒糖焼酎にぴったりの肴だということで、くっかるが手づくりしたものをいただいたことがあったが、お母さんの酢卵は本家本元。漬け込まれて1ヶ月というだけあって、身がギュッとしまって味わい深かった。

すたまごのつくりかた

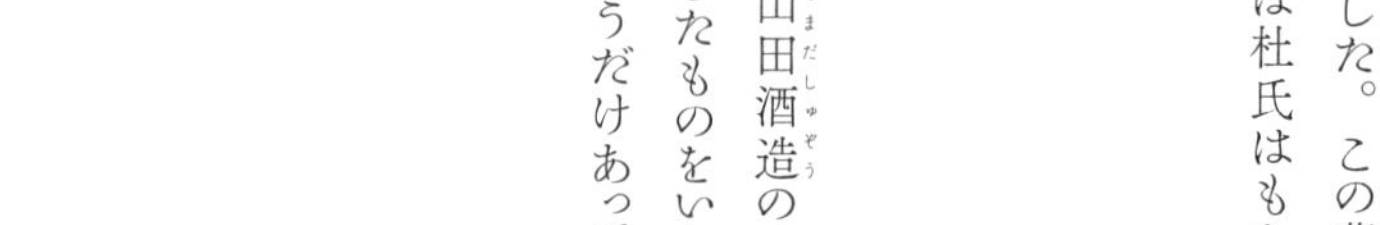

1 卵を茹でて
殻をむく

2 薄口しょうゆ・お酢
本みりんを火にかけて
煮立て、ザラメをよく溶かす

3 冷めてからゆで卵を入れて
5日間ほど漬け込みます
（おすすめは20日以上！）

4 黒糖焼酎のおつまみには
もちろんサラダや
ラーメンの具にもオススメ

●くっかるの蔵紹介・山田酒造

山田酒造のある大勝（おおがち）集落は、緑豊かな山すそにあり水に恵まれた地域です。仕込み水や割り水、冷却水など製造に使用する水は、蔵の地下から汲み上げた長雲山系の伏流水を使っています。

蔵の脇の道を山側へ奥に進むと、名瀬（なぜ）へと向かう峠道に差しかかる辺りに、小さな川が流れています。川の名は「山田川（ヤマダゴー）」といい、川のほとりには、かつて地元の農協が運営する酒造所があり、のちに山田酒造の初代となる山田嶺義（やまだ・みねよし）氏が委託職員として焼酎造りに携わっていました。その後、昭和32（１９５７）年に、嶺義氏が農協から酒造免許を引き継ぎ、山田酒造を創業。代表銘柄を「長雲（ながくも）」と名付けました。

造り手曰く、黒糖焼酎の風味のうち、主に甘みは米、香りは黒糖に由来し、その調和が味わいをつくるそうです。麹（こうじ）は、タイ米に白麹。黒糖は、沖縄産黒糖をメインに、銘柄により奄美大島産黒糖や、自社栽培のサトウキビを加工した黒糖を使い分けています。黒糖と米の比はおよそ１．５対１。ひと仕込みに黒糖３００キログラム、米２１０キログラムを使います。

麹は、ドラム式製麹機で米を蒸して種麹をつけ、三角棚に移して麹菌を繁殖させ、手入れをして造ります。一次仕込みは甕（かめ）仕込みで、昭和38（１９６３）年から使用している甕を使い、一次もろみの一部を次回の仕込みに加える「差し酛（さしもと）」をすることで、徐々にもろみに蔵付き酵母が入り、蔵独特の味わいを醸し出していきます。

二次仕込みではＦＲＰタンクにもろみを移し、黒糖の香りが飛ばないよう蒸気で手早く溶かした黒糖を

大古酒 長雲
原酒を20年貯蔵
熟成させた古酒。34度。

山田酒造直伝「酢たまご」

《材料》
ゆで卵　10〜12個
きびザラメ　100g
薄口しょうゆ　100cc
お酢（穀物酢、米酢どちらでもOK）　200cc
本みりん　50cc

加えます。限定銘柄「長雲一番橋（ながくもいちばんばし）」では、黒糖独特の甘い蜜の香りを残すために、蒸気を使わず常温の水で攪拌しながら12時間以上かけて溶かした黒糖を二次仕込みしています。

二次仕込みで黒糖を加えた後、もろみがすごく泡立つのが特徴で、元気よく泡を出す発酵は蔵付き酵母の仕業かもしれません。仕込みタンクからもろみの泡が溢れてしまわないよう、泡の表面で針金（元は自転車のスポーク）を回転させて消泡する道具を工夫しています。針金がくるくる回って千切れたもろみの泡がふわふわ散らされるようすは、どことなくユーモラスで可愛らしい姿です。

蒸留は、常圧蒸留のみ。原料の旨みや香りを取りすぎないよう、過度なろ過は行わず、蒸留機の垂れ口から出てくる原酒をネルで濾して油脂分をとり、ホーロー製の貯蔵タンクに移す際に一度ろ過をし、貯蔵熟成を経て、瓶詰めする前に、浮いた油分や細かいチリを取る程度の軽いろ過をしています。

蒸溜直後の原酒は油脂分で白濁していますが、貯蔵しながら自然に浮いてくる油脂分を繰り取り除き、濁りのない状態に仕上げていきます。原酒に溶け込んだ油脂分が熟成されることで、豊潤な香りと味わいがもたらされます。泡盛と同じ仕次ぎ法※で最低2年以上貯蔵熟成させてから商品化していますが、単年の原酒を熟成させた古酒銘柄も造っています。

※貯蔵年数ごとに貯蔵タンクを分け、半年～1年おきに出荷やアルコールの揮発で自然に減った分だけ貯蔵年数の近い原酒を注ぎ足していく貯蔵法。原酒の減りや成分の揮発による風味のボケを補いながら長期熟成が可能となる。

有限会社山田酒造（見学不可）
大島郡龍郷町大勝1373-ハ
0997-62-2109

「里の曙」ザ・ポジティブ

「黒糖焼酎といえば里《さと》の曙《あけぼの》」だと思っている人が多いんじゃないかと思うくらい、「里の曙」は本土でもよく見かける。つまりそれだけポピュラーな黒糖焼酎である。

人気者だけに、くじらもいろんな酒場でお世話になっていたが、いま一度じっくり深く香ってみると、頭に浮かぶのは、みずみずしくって、からっと明るい女の子のようなイメージ。くるくる、ぴょこぴょこ、野道を飛んだりはねたりしながら遊んでいる女の子のかたわらにある、まるまると太ったフルーツのような、ポジティブな香りがする。

口をつけると、今度は陽気な甘さがふわっと口内にまとわりつく。たとえ気持ちが沈んでいても、悩まなくってもいいじゃない、と元気づけてくれるような。くじらにとって「里の曙」は、そんな酒である。

「里の曙」を造る町田酒造《まちだしゅぞう》は龍郷町《たつごうちょう》にある。奄美空港《あまみくうこう》から南下して、龍郷湾《たつごうわん》を通ってさらに進むと、左手にきれいな花壇が続く場所があり、そこで視線を上げると、大きな工場の壁に「里の曙」と書かれている。

「町田酒造は地域活性のためにはじまった蔵で、そのお酒造りは『無謀』の連続だったんです」

原酒（減圧蒸留）

馥郁たる香りと
芳醇な味わいの43度。

里の曙（減圧蒸留）

白麹仕込み、減圧蒸留で
穏やかでマイルドな風味。25度。

と、くっかる。町田酒造は、石原酒造から昭和58（１９８３）年に酒造りの免許を引き継いで、平成２（１９９０）年から製造をはじめた、わりと新しい蔵らしい。しかし目標は大きく、創立当初から全国展開を目指し、奄美黒糖焼酎蔵ではじめて減圧蒸留機を導入。１年間で３０００キロリットルものお酒を造れる大工場をどどーんと整備した。

　軽快なスタートを切った町田酒造。しかし、そこには大きな壁が存在した。

「当時持っていた製造免許では、１年間に１５０キロリットルしか製造できなかったんです」

　そのため、年間３０００キロリットルの大工場は、しばらくの間「宝の持ち腐れ」状態に。その後、酒税法が緩和されて制限がなくなったので一件落着したが、からっぽの貯蔵タンクを酒で満たしていくため、１年間に３００回以上も仕込みを行うという「働き通し」期間に突入。しばらく、フル稼働をしたのち、貯蔵量が増えたので、いまは当時の半分くらいの回数で酒を造っている。

　工場のなか、製造課の事務室に立ち寄ると、壁にいくつもの賞状がかかっていた。賞状には銘柄名が書かれているのだが、「しょうちゅう」とだけ書かれたものがあった。

「里の曙は、まだ銘柄名も決まっていなかった平成元（１９９１）年に、熊本国税局の鑑評会で優等賞を獲得したんです。だから通常なら銘柄名が入るところに『しょうちゅう』とだけ書かれているんです」

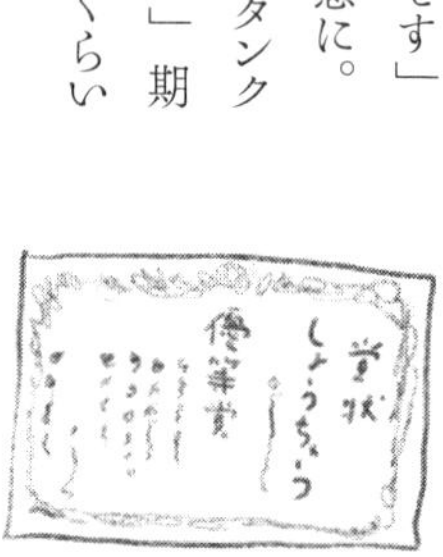

と、くっかる。その後、その酒は「黒糖焼酎の製造販売を通じて、ここ奄美の里に夜明けをもたらすことができるように」との願いを込めて「里の曙」と名付けられたという。そのコンセプトは、明るく元気な酒の香りのイメージ通りであった。

1日一升で960年

町田酒造《まちだしゅぞう》では、くっかるが普段からお世話になっているという、杜氏《とうじ》と工場長を兼任する長谷場洋一郎《はせばようちろう》さんが蔵を案内してくれた。くっかる曰く、研究開発室と製造現場をまとめる長谷場さんは、島の伝統を愛し、休日は畑仕事に精を出す、働き者のシマッチュ（奄美大島の方言で「島人」）らしい。

「里《さと》の曙《あけぼの》」は黒糖使用量が多く、1回の仕込みで米1に対して2・5倍もの黒糖が使われる。一袋《いったい》が30キログラムで160袋《たい》。一つひとつを投げ込む作業は、なかなかの重労働で、しかも黒糖を溶かす蒸気がたちのぼる現場は、夏場は30度を越すらしい。

「夏場は黒糖溶解ダイエットになりますね」

と長谷場杜氏が笑う。

里の曙 黒麹仕込（減圧蒸留）

黒麹仕込み、減圧蒸留で芳醇な香りとコクがある。25度。

酒造りの道具は蔵によって多様である。蒸した米に麹《こうじ》菌をつけて麹を造る機械は「製麹機《せいきくき》」と呼ばれていて、町田酒造の製麹機は小型宇宙船のように大きい。船室を見ると、静かに米たちが寝ているのだが、蒸した米に麹菌がしっかりくっつくように、定期的に船室内にある棒がまわりだし、畑が耕されるように、米たちがガガガーっとかきまぜられる。

「朝8時にお米を洗って、10時に蒸して、12時に終わる。それを月・水・土で繰り返しています」

そこでできた麹は一次仕込みのタンクに入れられる。仕込んで4日目のタンクをのぞくと、見た目はカッテージチーズのようなもろみから、発酵中だぞと言わんばかりの香りがぷわっと強力に届く。

小型宇宙船で麹が完成するまでに3日、麹に水と酵母《こうぼ》を加えて「もろみ」にする一次仕込みに6日間、その後、二次仕込みが3日間で、さらに三次仕込みし9日間を経て蒸留。この間、2回にわけて黒糖がたっぷりと加えられる。

蒸留の機械には2種類あって「減圧蒸留機」と「常圧蒸留機」がある。どの蒸留機を導入するかは、蔵によってまちまちだが、町田酒造には減圧蒸留機が2つと、常圧蒸留機が2つ。午前中に2釜、午後に2釜の蒸留ができて、1日に一升瓶7700本分のお酒を造ることができる。

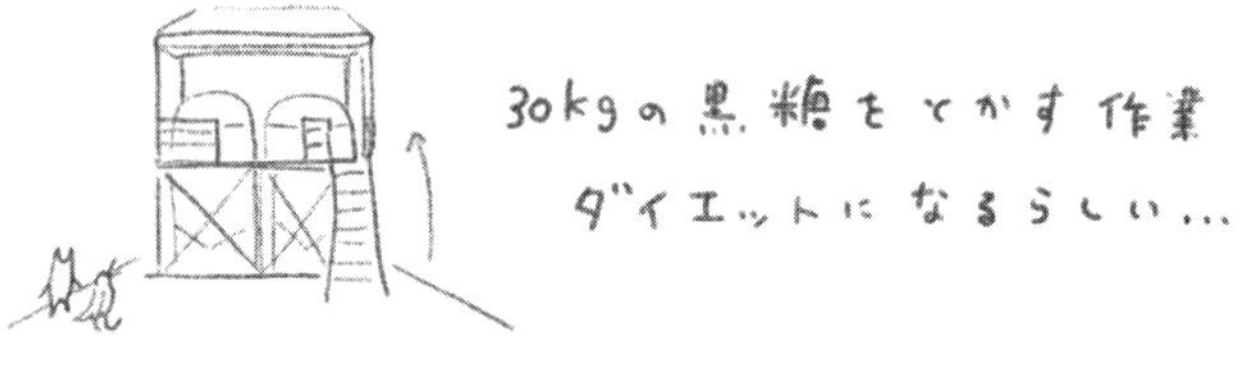
30kgの黒糖をとかす作業
ダイエットになるらしい…

工場の外には巨大なタンクがずらりと並び、でき上がった酒はそこに貯蔵されていく。360キロリットルが22本、135キロリットルが12本、90キロリットルが8本。それに、熟成用のシェリー樽《だる》、コニャック樽、ホワイトオーク樽などが約200本もあるらしい。

「1日一升飲んで、960年かかりますよ」

と長谷場杜氏がにやり。ここに貯蔵されている一番大きなタンクに入っている原酒の量は、25度に割り水して1日に一升を飲んだとして、960年かかるほどの量になるそうだ。肝臓に優しい量を飲むならせいぜい10日で一升。そうなると飲み終わる頃には、9600年が過ぎている。

巨大タンクに移された原酒は、3年以上の貯蔵期間を経て、私たちの手に届けられる。

敷地内にそびえるタンク群を眺めながら、長谷場杜氏がタンクを指差してこう言った。

「これまであのタンクにのぼった女性は2人しかいないんです。誰だと思います？」

誰かしら？　と、くっかるを見ると、顔に「わたしです」と書いてあった。

里の曙GOLD（樽貯蔵、常圧／減圧ブレンド）

減圧／常圧で蒸留した原酒を樽貯蔵し、ブレンド。43度。

町田酒造の島バナナ

町田酒造《まちだしゅぞう》の敷地内には、あちこちにバナナの木が植わっている。聞くと、バナナを植えているのは、長谷場《はせば》杜氏《とうじ》らしい。島バナナだけに実は小ぶりだが、これだけの木がたわわに実をつければかなりの数。工場のスタッフで食べているのかしらと思いながら、敷地の奥に進むと、「研究室」という建物に到着。なかには仕込みタンクや蒸留機などの酒造りの道具一式が25分の1のミニチュアサイズで並んでいた。

「製造部門と別に、黒糖焼酎蔵では唯一の研究開発室を備えているのも、この蔵の特徴です。ここでは少量の試験醸造が可能で、専門のスタッフが新製品の開発や製造した原酒の分析、もろみの管理などを行っているんですよ」

と、くっかる。目にするまでは知りえなかったが、普段、何の気なしに飲んでいる1杯には、たくさんの試行錯誤が詰まっている。さらに、地域のため、島のためにと酒を造る町田酒造の奥座敷には、酒造りの終わりを美しく保つための「リサイクルプラント」と「浄水施設」まであった。

「環境負荷を少なくするための研究開発も独自に進めているんです。蒸留後に発生する大量の焼酎かすは、工場内に設置したリサイクルプラントで処理され、島内で牛などの家畜

飼料や肥料として活用されています。排水は浄水設備を通して、きれいな水にしてから排出されるんですよ」

売り上げで地域に貢献しようといっても、その一端で地域の自然を傷つけるようなことがあっては元も子もない。「地域のため」を目指す蔵である以上、酒造りの始末にも手を抜かない。因みに、長谷場杜氏が植えているバナナには、工場から出る排水を浄化する際にできる汚泥ケーキや焼酎かすが肥料として撒かれているらしい。

「以前、おじゃましたときに、熟したバナナを1本いただいたことがありましたね。甘くて美味しかったな」

と、くっかる。すると長谷場杜氏が、「お酒が売れなくなったらバナナを売ろうか」と笑った。

杜氏お手製の島料理

くっかるはバナナをもらっただけでなく、長谷場《はせば》杜氏《とうじ》と一緒にトリをシメたり、お手製の酒肴《しゅこう》までご馳走になったことがあるらしい。

「ある年末のこと。長谷場杜氏から『トリをシメるから、こんね』と電話があり、ご友

奄美の杜（減圧蒸留）
奄美を愛した画家、田中一村の作品をラベルに。25度。

人の家での集まりにご一緒させていただいたんです」

かつて、奄美大島《あまみおおしま》では各家で豚を飼っていて、年末になると浜辺で豚をシメて肉を塩漬けにした「塩豚《しおぶた》」をつくる姿が冬の風物詩だったらしい。冷蔵庫のない時代、島の人たちは毎年暮れになると「塩豚」をつくり、豚肉と野菜を煮込んだ年越し料理「ウヮンフォネ」や翌年の保存食として、大切に食べていたのだ。

現代では、個人での屠殺が規制されているため、豚やヤギをシメることはできないが、鶏は規制がないので、「みんなで食べよう！」という集まりが開かれているという。

「私も茹で上がったニワトリや七面鳥の羽を毟《むし》ったりして作業に加勢しました。朝からはじめて、夕方には座敷の長テーブルに鍋料理や黒糖焼酎がたっぷり並びました。目の前で命を奪った肉を食べる経験は初めてでしたが、『いただきます』の言葉に『大切な命をくださって、ありがとう。あなたの命をいただきます』という想いがこもり、自然と手が合わさりました。残酷かもしれないけど、『食べるって、こういうことなんだ』と実感した瞬間でした」

その日のことは、くっかるの心に強烈に刻まれ、今でも食の原点として時折思い出しているという。

「時代が変わり、塩豚を一からつくることはなくなりましたが、島のおジイおバアたちは、畑を耕し、魚を釣り、潮の引いた浜辺で貝やタコを捕まえて食べることを日常としています。

周りの自然から恵みを得、工夫しながら命をつないできた島の人たちは、食べることの幸せを、より深く識っているんじゃないか。それは、とても豊かなことなんじゃないかと思います」

くっかるは、黒糖焼酎によく合う島料理を教えてと長谷場杜氏にリクエストしたこともあるそうだ。その日、長谷場杜氏が用意してくれた手料理は、モズクとパパイヤの酢の物、アオサの天麩羅、豚軟骨と切り干し大根、アザミの煮物など海の幸・山の幸がとりどりに入った島料理など。野菜は全て長谷場杜氏の畑で採れたもので、アオサは浜で採ってきたものだったという。

「『買ったのは、豚肉くらいよー』と、長谷場杜氏が収穫してご馳走してくれた海山の幸と、お湯割りの『里の曙《さとのあけぼの》』で、至福のひと時でした」

酒の造り手が作る肴で、酒を飲むなんて！　なんともうらやましい話だった。

●くっかるの蔵紹介・町田酒造（まちだしゅぞう）

町田酒造は、年間2000キロリットルを製造し、全国に5営業所を構える酒造メーカーです。創業者は、沖永良部島出身で建設業を営んでいた町田實孝（まちだ・さねたか）氏。創業の背景には、奄美群島でしか造ることのできない黒糖焼酎を全国に販売し、地域を活性化させたいとの實孝氏の思いがあったと

瑞祥
深みのある香りと 厚みのある味わいの常圧蒸留。25度。

いいます。

蔵の前身は、戦前から旧住用村（すみようそん）の石原（いしはら）で銘柄「住の江（すみのえ）」を製造していた有限会社石原酒造。造り手が高齢化し後継者のいなかった石原酒造より昭和58（1983）年に酒類製造免許を譲り受け、平成3（1991）年に社名を町田酒造に変更しました。

異業種からの参入だったこともあり、元鹿児島大学学長で「悪臭を除き、世界に通用する焼酎」を研究していた蟹江松雄（かにえ・まつお）氏の協力を得て、近代的な焼酎製造法を研究。平成元（1989）年に龍郷町大勝（おおがち）の現在地に最新の設備を備えた新工場を開設し、翌年より焼酎製造を開始しました。

造りでは、減圧蒸留に加え、黒糖をふんだんに使うのが特徴です。黒糖と米の比は2.5対1で、ひと仕込みに使う黒糖は約5トン。黒糖を多めに使うことで、芳醇さとスッキリした味わいをもたらしています。沖縄産黒糖に加え、不足する分を、タイ産の黒糖や、鹿児島の製糖工場が現地指導するフィリピン産の黒糖で賄っています。

麹（こうじ）には米国産ジャポニカ米を使用し、銘柄により白麹と黒麹を使い分けています。約2トンの米を大型の連続蒸米機で蒸し、円盤型の回転式製麹（せいきく）装置で麹を造ります。仕込みは冷却装置を備えたステンレスタンクで、黒糖は使用量が多いため2回に分けてもろみに加えています。主力の銘柄は減圧蒸留ですが、常圧蒸留の銘柄も造っています。貯蔵熟成にも力を入れていて、代表銘柄の貯蔵年数は3年以上かけています。

町田酒造株式会社（見学可・要予約）
大島郡龍郷町大勝3321
0120-099762
http://www.satoake.jp/

「龍宮」パンチ

ある日、大分県にあるくじらの実家では、テーブルに黒糖焼酎を10種類ほど並べて、味比べ会が行われていた。参加したのは、その場に居合わせた焼酎愛飲家歴40年以上の父と母。ちなみに、焼酎の鑑評会へ出かけることもあるくじらの父は、（あくまで趣味の範囲だが）その道にはおいては、くじらよりずっと詳しい。

各人、一つひとつのグラスに鼻を近づけ、口をつけながら、香りと味をうかがう。黒糖焼酎といえば原料がサトウキビだけに「甘い」香りが特徴で、芋焼酎のような香ばしさ（苦手な人にくさいと言われがちな香り）は少ない。

比べていくと、「龍宮《りゅうぐう》」のグラスで皆の手がとまった。

「うわあ。これはパンチがあるね」

と、くじら母。父も眉間にしわを寄せている。くじらも改めて香ってみると、サトウキビ的な可愛らしさはなく、土のような野生的な香りに鼻先をパンチされた。ワイルドというのか、ハードボイルドと表現していいのか、ほかの黒糖焼酎とは明らかに異なる香りがする。飲んでみると、やっぱり甘さよりも辛さが勝って、かなり野生的。なかなか手強い相手だなと、またしばらくテーブルに並ぶ黒糖焼酎群を飲み比べていると、何度目かの「龍宮」で、

龍宮 15度

「龍宮」を15度に割り水。
瓶ごと冷やしてストレートで。

龍宮

黒麹、甕仕込みの深いコクと
濃厚な香り。

「だんだん美味しくなってきた」と母がぽつり。くじらも同じことを思っていた。

他の黒糖焼酎と比べると、かなりパンチの効いた「龍宮」だが、芋焼酎と比べると、黒糖焼酎らしい品が感じられる。さらに、飲み続けていると、不思議な魅力にはまりこむ。甘い香りがするだけに「女性的」と表現したくなる黒糖焼酎が多いなか、「龍宮」は確実に男性っぽい。しかも、野生系。不用意に口をつけるとぴりっとしびれるような、ワイルド系の御仁なのだ。

屋仁川のワイルド蔵

パンチのある黒糖焼酎、「龍宮《りゅうぐう》」が醸されているのはどんな蔵なのか。くじらとくっかるは、富田酒造場におじゃました。富田酒造場《とみたしゅぞうじょう》は、毎夜、島人たちを酔いどれの世界に導く「屋仁川通り《やにがわ》」のすぐそばにある。その蔵は、奄美群島の酒蔵のなかでも小さく、年季の入った建物には、窓、ドア、シャッターがたくさん付いていて、灰色のトタン屋根と、少しすすけた白壁から、煙突や配管がキノコのようににょきにょきと生えている。機能性を求めているうち、このかたちに落ち着いたとみられる蔵は、その時点でワイルドである。

そして、出迎えてくれた富田真行《とみたまさゆき》さんを見て、くじらはさらに納得する。期待を裏切らないワイルド系男子だったからだ。

「現在製造責任者を務める4代目の真行さんは、先代であるお父さんの富田恭弘《とみたやすひろ》さんとともに焼酎造りに取り組んでいます。真行さんは奄美市内の大島高校を卒業後、東京の居酒屋などで8年間のアルバイト生活を経て帰島。2011年に蔵入りし、2015年から造り全般を任されるようになったんですよ」

くっかるがこっそり、ワイルド男子のプロフィールを耳打ちする。

蔵のなかは一次仕込みの真っ最中で、若い男性3人が、作業にあたっていた。失礼を顧みずに表現すると、蔵人の面々は、個性際立つ人気ダンスボーカルユニットのようで、ひとくせある人が大好きなくじらは、密かに目を輝かせていた。

見た目には小さい蔵だが、内部には酒造りの道具が、うまい具合に並べられている。真行さんの案内で、手すりにつかまらないと転げ落ちそうな鉄製の細い階段をのぼっていくと、ロフトのような空間にドラム式製麹機《せいきくき》が置かれていた。

「うちでは夕方に米を入れて翌朝に蒸しはじめます。炊飯器でごはんを炊くみたいな感じですね」

真行さんによると、ドラムで蒸しあげられた米に麹《こうじ》菌をつけておよそ40時間で米麹ができ

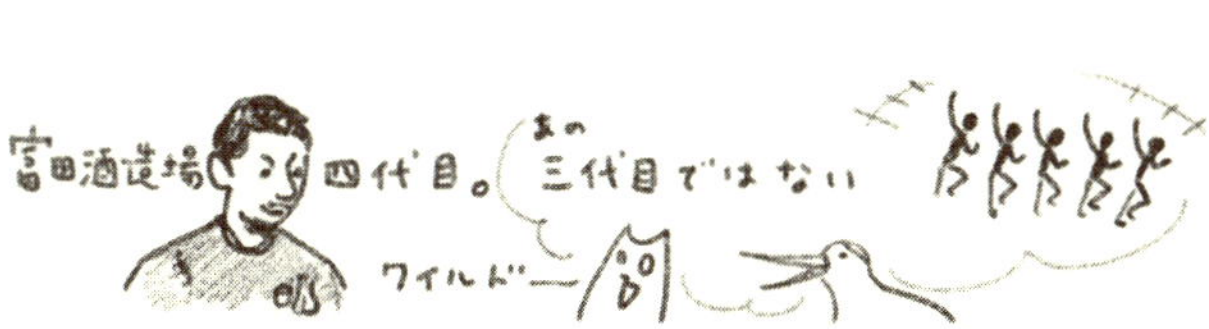

るらしいが、この工程にある米をかきまぜる「返し」という作業が、少し変わっていた。富田酒造場のドラムは「返し」を自動で行える全自動機能付きなのに、米をかき混ぜる「棒」がドラムから外されていたのだ。

「（全自動だと）均一な麹ができすぎて面白くないんですよ」

と真行さん。全自動機能を取り入れながらも「手の感覚」を大事にするあまり、機能を取り払ってしまうだなんて。くじらの目には、その半自動システムさえもワイルドに映っていた。

甕だからブレない

富田酒造場《とみたしゅぞうじょう》の1階には半分土に埋まったいくつもの甕《かめ》が並ぶ。数えてみると40個。一次仕込みの最中という甕をのぞくと、茶色がかった液体のなかに、沈んだ米の姿が見えた。

「一次仕込みでは、４４０キログラムの米を8本の甕にいれます。甕ひとつあたり、ざっくり55キログラムですね」

2階の半自動式ドラムで造った米麹《こめこうじ》をバケツに入れて1階に運び、「ねぶ（島の方言で『柄

杓』のこと)」という柄杓の先っちょのような道具で、ざくざくと8本の甕に投入。さらに水と酵母菌《こうぼ》を加えて1週間。静かに沈んでいた麹は、発酵してもりもりと盛り上がり、かき混ぜるとぽこぽことガスを浮かびあがらせた。

「うちは黒麹造りで、もろみは少しグレーがかってます。」

一次仕込みを終えた甕をかき混ぜながら真行《まさゆき》さんが言う。そういわれると確かにグレーっぽい。

「32の甕を8本ずつ、4グループに分けて仕込んでいきます。月曜日と木曜日に米を蒸して、仕込んだもろみの攪拌(かきまぜる)作業は朝夕の2回。一次仕込みが1週間で、二次仕込みが2週間。合計3週間の発酵期間を経て蒸留し、貯蔵タンクにいれます」

奄美群島《あまみぐんとう》の酒蔵の多くは、1年のうちの一時期を造りにあてているが、富田酒造場はお盆前後と、年末年始以外は1年中フル稼働で酒造りを行っているという。

「1年半以上寝かす蔵が多いんですが、うちなんかは半年から7ヶ月で商品化してて、寝かす期間が短いぶん、刺激的な酒質になるんです」

なるほど! くじらは心のなかで手を打った。ワイルドな味の秘密に貯蔵期間の短さがあったのか。しかし、そもそもフル稼働で造りを行ってもはけていくほど「龍宮《りゅうぐう》」にはファンが多く、酒屋からのひきあいも多い。

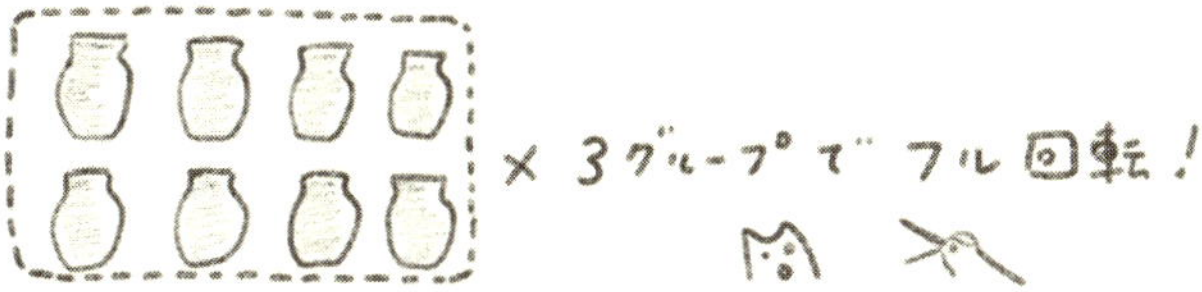

「（酒造りを）甕でやっている以上、制限があって、甕の分しか造れないんです」

そう言われて、くじらはあれ？　と思う。使っている甕は32と言うが、蔵のなかにある甕は40なのだ。

「甕も生きていて癖があるから……」

と真行さん。奥にある8本は、焼酎ブームの時に増やしたものの、「うちらしくない酒ができた」ことを理由に、使っていないらしい。

「甕で造っている分、遊びはきかないけど、良くも悪くも大きくはブレないんです」

ひみつの部屋と手書きのラベル

蔵見学のあと、真行《まさゆき》さんが「ひみつの部屋」に案内してくれた。蔵のすぐ近くにあるビルの一室におじゃまするると、そこはおしゃれなダイニングバーのような空間で、焼酎、お皿、釣り道具がずらりと並んでいた。聞くと、先代の父・恭弘《やすひろ》氏がつくった「趣味の部屋」らしい。

「恭弘さんは釣りと料理の名人で、奄美黒糖焼酎のいろいろな魅力を、楽しみながら追求している方です。島外でも時折、お料理と焼酎を楽しむ会を開催されていて、わたしも

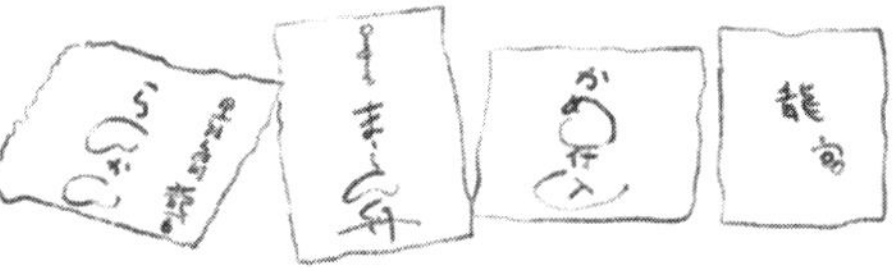

フル（ニンニクの葉の方言）ペーストで和えたカルパッチョと「龍宮《りゅうぐう》」のモヒートをご馳走していただいたことがありました」

新鮮なフルの風味とオリーブオイルのコクが魚の旨味を包み込み、モヒートのミントと炭酸で黒糖焼酎を爽やかに楽しんだことを、うきうきと語るくっかる。そんな恭弘氏は、ちょっとした有名人で数多の逸話を持つが、なんといっても一番は「ラベルを手書きしている」ことである。

富田《とみ》酒造場《しゅぞうじょう》の上級銘柄には、ひょろりとした味のある筆文字で「ま〜らん舟《せん》」「らんかん」と書かれた銘柄があるのだが、それらはすべて恭弘氏の直筆。

「親父はコスト削減といっているけど……」

と笑う真行さんも、最近では一部、手書き仕事を継いでいるらしい。「手書き」と言われてよく見ると、確かに「ま〜らん舟」や「らんかん」のラベルは、少しずつ違っていて、一つひとつが直筆サインのようである。確かに手書きの文字には印刷では出せない「想い」がのってくる。だからか、ある時、手書きした文字をスキャンしてラベルにしたところ、ファンからクレームが来て、手書きに戻したらしい。

「先代には、手書き文字とイラストの入ったパンフレットをいただいたことがあります。手に取ってよく見ると、焼酎を線描きしたイラストの上から色鉛筆で塗り絵のように色が乗せて

まーらん舟
徳之島徳南製糖の黒糖を使用。
豊かな香りとコク。
25度、33度がある。

まーらん舟
無濾過原酒 無ろ過の「まーらん舟」原酒。
濃厚なコク。
39度～44.9度（製造年毎に異なる）

あって。銘柄ごとの印象を見事に表現していることに驚きました」

そういうくっかるは、うっとりうれしそうだった。

「富田さんの焼酎は、確かな技と造り手の温もりが伝わるハンドクラフトだと思います。丁寧な造りにはじまり、ラベルやパンフレットまで一貫して伝わってくるメッセージがあって、それら全てが、彼らの造る焼酎の魅力をかたちづくっているのです」

くじらは最近、なんの気無しに訪れた三軒茶屋の酒場の片隅で、見覚えのある張り紙を発見した。その文字はまさしく、恭弘氏の手書き文字。「龍宮」を紹介する手紙のような張り紙は、モノクロ印刷で、けして派手なものではない。だけどその文字は、なにがなんだか分からないくらいたくさんのフライヤーがぺたぺた貼られた酒場の壁の中で、視線が自然と引き寄せられるようなオーラを放っていた。

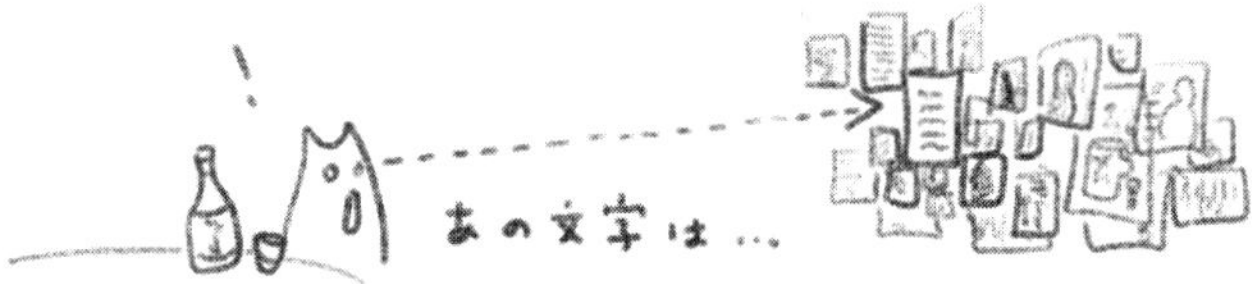

●くっかるの酒蔵案内・富田酒造場（とみたしゅぞうじょう）

富田酒造場の創業は、昭和26（1951）年。初代・富田豊重（とみた・とよしげ）氏が、アメリカ軍政下の昭和26（1951）年、「らんかん酒造場」として名瀬（なぜ）の現在地に創業しました。社名の由来は、蔵の裏にある「らんかん山」。幕末期に、この山の上にイギリス人が設計した白糖工場が建てられ、技術指導のために来島した外国人達が住んでいたことから「蘭館山（らんかんやま）」と呼ばれるようになったそうです。

麹（こうじ）は国産のうるち破砕米に黒麹造り。黒糖は沖縄離島産を主に数種をブレンドしており、うち一割ほどが加計呂麻島（かけろまじま）産。限定銘柄で徳之島（とくのしま）産も使用しています。黒糖は熱や湿気に弱いため、冷蔵設備つきの倉庫を借りて保管しています。

蔵の命は、創業以来65年使い込まれた40個の三石甕（さんごくがめ）。おかしな匂いがしたら洗浄し、ヒビが入れば補修をし、「大事に使えば千年持つ」と、大切に扱っています。甕の容量は約540リットルあり、一次仕込みから二次仕込みまで同じ甕に仕込みます。甕には一個一個違った癖があり、40個ある甕のうち、山側に面した壁側の8個はクセが強すぎるため、現在造りには使っていないそうです。

甕ごとにバラつく焼酎の味を整え、甕の手入れをする手間を厭わないのは、甕に住み着いた酵母（こうぼ）や甕由来の土っぽい風味が、焼酎に厚みのあるボディをもたらしてくれるから。黒麹を使うのも、原料の個性をより引き出し、強いクエン酸による甕の殺菌効果があるためです。

麹（こうじ）造りに使うドラム式製麹（せいきく）機は、全自動だときれいすぎる味になるため、手

かめ仕込み

25度はスッキリした甘みと飲み口。
40度は力強さと深い甘みがある。

らんかん

木蓋を乗せたタンクで2年熟成させた原酒。
39度〜44.9度（製造年毎に異なる）

で麹を混ぜられるように改良しています。麹に人の手がふれることで焼酎の風味が変化するそうで、体験学習で小学生の子どもたちが麹に触った時は、できた焼酎が乳くさい香りになったのだとか。

　黒糖に含まれる香りの成分の一部は、熱を加えることで飛んでしまうため、蒸気を使う黒糖の溶解作業は30分程度で手早く終わらせます。黒糖を溶解するタンクはジャケット式の冷却装置を備え、外側に水を流して溶解液を速やかに冷ますことができるよう工夫されています。

　蒸留は、常圧蒸留のみ。ステンレス製の蒸留機はネックを細く高くした特注品で、原料の香りがよく残り、キレのある味に仕上がるといいます。素材がステンレスのみだと味が硬くなるため、部品の接合部などに真ちゅう材を使用しています。これはスコットランドの蒸留所などでも行われている工夫で、原酒との化学反応で味わいが柔らかくなるそうです。雑味を防ぐために、蒸留機の部品は使うたびに分解して丁寧に手洗いをしています。

　原酒はホーローやステンレスのタンク、甕、樽（たる）で貯蔵されます。銘柄により、蒸留後半年から5年ほどの貯蔵熟成を経て商品化しています。

有限会社富田酒造場（見学可・要予約）
奄美市名瀬入舟町7-8
0997-52-0043

喜界島

蝶々が舞う喜界島

【 喜界島（きかいじま）・高祖祭（シバサシ／ウヤンコー）】

喜界島では、秋になると先祖を祭り敬う「高祖祭」が催されます。喜界島の「高祖祭」には2種類有り、島の東部では「シバサシ」、島の西部では「ウヤンコー」と呼ばれ、時期も異なります。各集落では住民が時間を合わせて一斉に集落の墓所へ集合し、先祖の墓に供え物をして墓参りをします。黒糖焼酎の小瓶を携えた人々が次々に墓所の墓を廻り、墓前に供えてあるコップに焼酎を注いでお参りします。島東部の「シバサシ」では、お墓の前でお弁当を広げて宴会をします。高祖祭に合わせて多くの出身者が帰省し、島がにぎわいます。

日本で2番目に短い空の旅

奄美大島《あまみおおしま》と喜界島《きかいじま》を直線距離で結ぶと、わずか25キロメートルしか離れていない。天気がよければ、奄美空港《あまみくうこう》から喜界島の島影がくっきり見えるし、船でちょいっと渡れてしまうんじゃないの？　と思うのだが、喜界島行きの定期船が出ているのは、奄美空港から車で40分の名瀬港《なぜこう》や、車で2時間の古仁屋港《こにやこう》だけで、名瀬港からは船に乗って2時間以上かかるらしい。

近くにいるのに遠いだなんて、切ない恋心のような距離にある喜界島だが、お金を少し多く払えば空路でわずか20分。あっという間に渡れてしまうという側面もある。決して安くはないが、たとえば、東京駅で終電を逃して三軒茶屋までタクシーで帰り、2割増しの深夜料金を払うよりは、奄美大島〜喜界島間の空旅のほうが安い。意図せずとも時々、もう1〜2軒行けそうな深夜タクシー代を払っている人には、迷わず空路をおすすめしたい。

さて、そんな喜界島までのフライトは、たとえ20分であっても、おきまりの搭乗手続きやものものしいセキュリティチェックはある。どこに行くにも搭乗ゲートをくぐると「これから旅立つんだ」と軽くテンションもあがるのだが、旅の目的地が空港の待合所から目視できるのは不思議である。

36人乗りのプロペラ機に搭乗してしばらくすると、離陸のアナウンスがあり機体が地面から離れる。ふわりと宙に浮いて上昇したかと思うやいなや、今度は着陸準備に入り、シートベルトを外すひまなく喜界島空港に着陸する。20分のなかで空を飛んでいる時間は正味6〜7分である。

「喜界空港《きかいくうこう》」と書かれた赤い屋根の建物は、空港というよりもローカル線の駅舎のように可愛らしい。空港の横には高倉という伝統的な建物が建っていて、フェンスの周辺にはオレンジ色の小さな花が咲いていた。

この花は、喜界島で「特攻花」と呼ばれている。戦時中、喜界島や徳之島は特攻隊の中継地になっていて、この島から多くの特攻隊員が戦地へと飛び立っていったのだという。島を飛びたち、そのまま帰らぬ人となった特攻隊員をこのオレンジ色の可愛い花たちが見送っていたことから、その名が付いたそうだ。

喜界島の風景

喜界島《きかいじま》は、隆起サンゴ礁の島である。隆起は今も続いていて、平均すると1年間で2ミリ

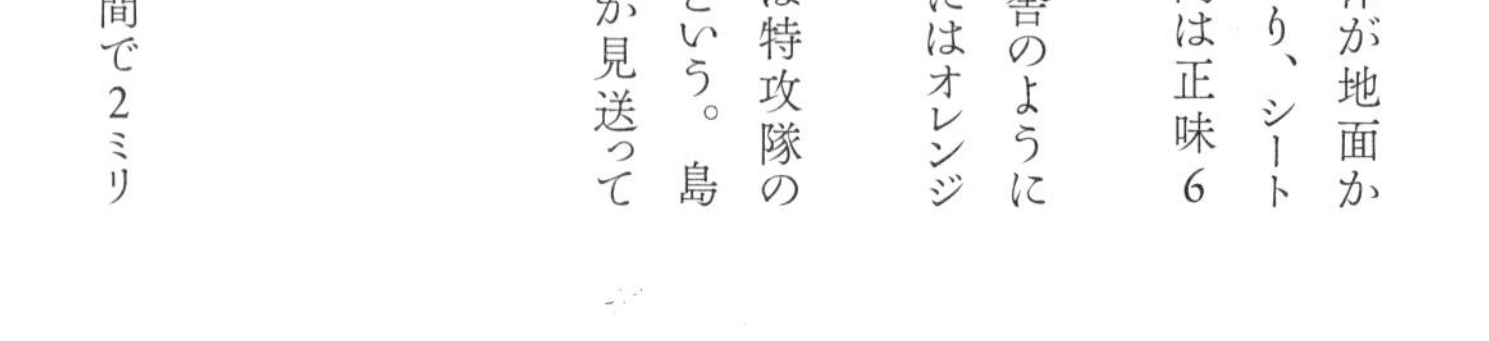
高倉 →
高倉が大きいのか、空港が小さいのか
← 喜界空港

ずつ成長しているらしい。

2ミリとはいえ、自分の立っている島が気づかないくらいのスピードでもぞもぞと動いていると聞くと、島に意思があるかのように感じてしまう。それにしても、最高地点の海抜は211メートルだから、212メートルになるまでには、500年……。地球の成長は気が長い。

喜界島には「ここで写真を撮るべき！」だと思える撮影スポットがいくかある。そのひとつは、島の最高地点、211メートルの丘をジャンプして飛び越えているような写真が撮れるサトウキビ畑の中の一本道。喜界島の中央部分は、辺りいっぱいに緑の絨毯を敷いたかのように、サトウキビ畑が広がる場所があり、そこに、とっても長い一本道がある。アップダウンの具合がいい塩梅なのか、ある地点でジャンプした写真を撮ると、丘を飛び越えているように見えるのだ。青い空とサトウキビの一本道でハイジャンプだなんて、と遠く過ぎ去った青春を薄目で見ている人にも、ぜひ喜界島ジャンプは体験してもらいたい。

次に外せない撮影スポットは、島に飛来する蝶々「オオゴマダラ」がやってくる森のなか。田舎道を進んでいくと、いきなりトリッキーな交通標識が現れる。

「蝶に超注意」

ひらひら舞う美しい蝶々に見とれているうちに重大事故を起こした人がいたのだろうか。

島人に聞くと、「本当にすごい量の蝶がいる」らしい。

日本の島々には、蝶々がたくさんいる島があって、沖縄の八重山諸島《やえやましょとう》では「リュウキュウアサギマダラ」、大分県の姫島《ひめしま》や三重県の島々では「アサギマダラ」などを見ることができる。東南アジアに生息する「オオゴマダラ」は、喜界島を北限に、日本では主に奄美群島《あまみぐんとう》や沖縄の島々を飛びまわっている蝶である。

ただ、どうして特定の島にたくさんいるかといえば、蝶々の好物が関係していて、オオゴマダラはキョウチクトウ科のホウライカガミという植物しか食べないらしい。それが、喜界島にたくさんあるから、超注意しなければならないほどの蝶が喜界島で舞っているわけだ。

オオゴマダラの見た目は、その名の通り、黒ごまをちりばめたような柄をしている。でも、注目すべきは蝶々になる前の姿らしく、『奄美群島時々新聞《あまみぐんとうときどきしんぶん》』編集員であるやぎみつるの案内である場所を訪れると、なにか違和感のある色のものが、植物からぶらさがっていた。

「『オオゴマダラ』のサナギは金色なんですよ」

そう言って、ぐふふと笑うやぎみつる。あまりに金ピカなので、作り物のように見えるが、よくみると中身にオオゴマダラが入っている。竹取物語には、かぐや姫が結婚を申し込んでくる輩に「蓬莱《ほうらい》の玉《たま》の枝《えだ》（根が銀、茎が金、実が真珠という木の枝）」を持ってくるよう指示する場面がある。金色なのは茎ではないが、金色のものがこれだけくっついた植物を持っ

てきたなら、かぐや姫も少しは心を許したかもしれない。

そんなオオゴマダラは、蝶々愛好家の間では「南《みなみ》の島《しま》の貴婦人《きふじん》」という優雅な別名で呼ばれている。そして、喜界島の朝日酒造《あさひしゅぞう》には、「朝日」の初留《しゅりゅう》を詰めた「南の島の貴婦人」という名の焼酎がある。初留は、蒸留の初めに垂れてくる、原酒のなかでも特に香味成分の多い部分だけに、その香りは抜群に高くて、黒糖の甘みもたっぷり感じることができる。パッケージもしゃれていて、細身の女性のようにスリムなボトルが、オオゴマダラの絵が描かれたおしゃれな筒に入っているから、くじらは酒好きの母へ、母の日にプレゼントした。

喜界島にきたら、サトウキビの一本道でジャンプし、蝶に超注意な森で蝶を探し、「南の島の貴婦人」をいただくことを忘れずに。

イランからの手紙

喜界島《きかいじま》に限らず、よく知らない土地に訪れた時には、観光協会で地元ネタをヒアリングすることをおすすめしたい。島の場合は当然、観光協会の人も現地住民なわけで、島人目線の島案内をしてくれたりするからだ。

喜界島の場合、前述のやぎみつるが独特のトーンで、島を案内してくれる。日に焼けた風貌で「うへへ」と陽気に笑うやぎみつるの佇まいは、いかにも南国のおじちゃんであるが、出身は寒風吹き荒れる富山県。日本中をバイクでまわっていたなか、たまたま訪れた喜界島に腰を据え、気づけば10数年という人である。

「くじらさん、いい子がいたんですよ〜」

彼はコリアンアイドルの大ファンで、話しながら「うへへ」と笑うもんだから、いかにも怪しい雰囲気に見えるのだが、島のあれこれの仕事を忙しくこなしている真面目な人でもある。

「くじらさん、実は喜界島にすごいものが流れ着いたんすよ……」

あるとき、やぎみつるがそう言うので、韓国からアイドルグッズでも流れ着いたかしらと思ったら、コリアンではなく、中東の国・イランからメッセージボトルが流れ着いたという。島だけに海外からの漂流物はめずらしくないが、まさか中東とは……。

「イランの人たちが手をつなぐ絵と電話番号らしき数字が書かれていました」

やぎみつる曰く、ボトルを流した本人を探しているというが、どうやって探すのか想像がつかず、話半分で聞いていた。

そうして2年ほど経った最近のこと、やぎみつるから「ついに見つかった」と驚きの結末を聞いた。

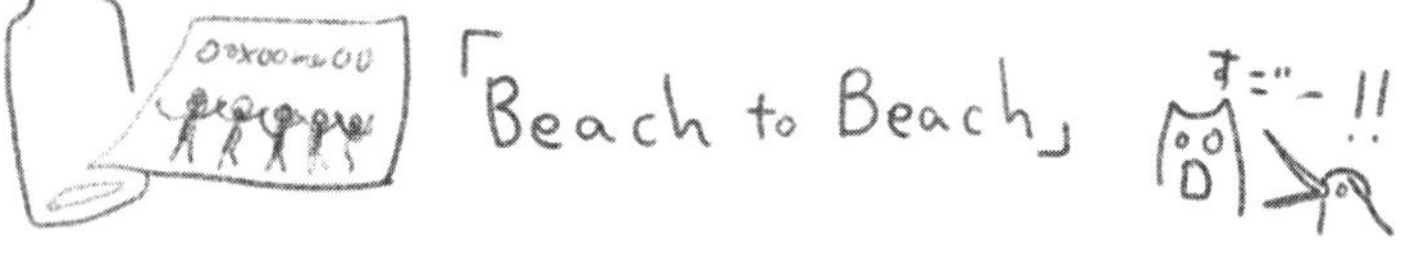

なんでも、喜界島に滞在していた看護師さんが中東に派遣されることになり、現地で持ち主を捜したところ、タンカーに乗り込んでいるコックさんであることがわかったんだという。イランと喜界島は7500キロメートル離れている。あまりにミラクルな話題にイラン側も盛り上がり、島人とイラン人との交流を描くドキュメンタリー映画が企画され、イランからの撮影隊が喜界島までやってきたのだという。映画のタイトルは『Beach to Beach』。うへへと笑うやぎさんが、カッコよくみえた。

ヤギ

やぎみつるの観光案内は独特である。

「くじらさん、ほら、島のアイドルがいますよ」

そう言いながら「うへへ」と笑いながら車窓から指をさす。まさか喜界島《きかいじま》にコリアンアイドルはいないだろうと窓の外をみると、そこには可愛い白ヤギさんが数頭。道端の草をむしゃむしゃと食べていた。

「食べられるアイドルなんです」

うへへ顔でヤギを見つめるやぎみつる。

「喜界島のヤギはうまいんです」

「……」

本土ではあまりポピュラーではないが、奄美《あまみ》から沖縄までを含む南西諸島にはヤギを食べる文化がある。島の人曰く、島によってヤギの味が違うらしく、南西諸島でヤギ好きたちに聞くと「あの島のヤギはうまい、この島のヤギは臭い」などのヤギ談義がはじまることがある。

喜界島のヤギは海辺の岩場に生える薬草を食べているらしい。年をとったヤギはそれなりの臭みがあるのでちょっと遠慮したいが、薬草を食べながらのびのびと育った比較的若いヤギは、美味しそうである。

「土地にミネラルが豊富なせいで、サトウキビが美味しくなると聞いたことがあります」

というくっかるが、

「喜界島の薬草は薬効が高いとも聞きます」

と。そういえば、「喜界島のヤギは臭くない!」という話もよく聞いていた。くじらは獣肉がそこまで得意でないが、やぎみつるの話を聞いて、喜界島のヤギを食べてみたくなった。

ヤギはお刺身やヤギ汁でいただくのが一般的だが、喜界島にはヤギの身と内臓と野菜を血で炒める「からじゅうり」という料理がある。沖縄にも豚の血を使った炒め物はあるが、ヤギ

の内臓と血。きっと、インパクトのある味だろうと覚悟していただいてみたところ、やはり、口のなかにヤギが数頭、住み着いたかのようなインパクト！　しかし、美味しいか美味しくないかと聞かれれば、身体中にヤギパワーがみなぎるような美味しさがあって、滋養が満たされる味だった。

「喜界島のヤギは美味しいので、近ごろ品薄ぎみらしいんです。半分凍らせた状態で薬味をつけて食べる『ヤギ刺し』は、臭みを感じさせないので、はじめてヤギを食べるという方にもおすすめ。焼酎が舌を洗ってさっぱりさせてくれるので、濃厚な『からじゅうり』と黒糖焼酎の組み合わせも、イイですよ」

とくっかるは語る。喜界島へ行ったら、是非お試しあれ。

喜界島ナイト

『奄美群島時々新聞《あまみぐんとうときどきしんぶん》』をつくったり、離島経済新聞社で島酒蔵をめぐるツアーを行ったりで、くじらは何度か喜界島《きかいじま》に足を運んだ。どの島でも日中はお仕事だが、夕暮れ早々に幕を開ける第2部は、お待ちかね、島グルメや島酒を楽しむ島ナイトである。

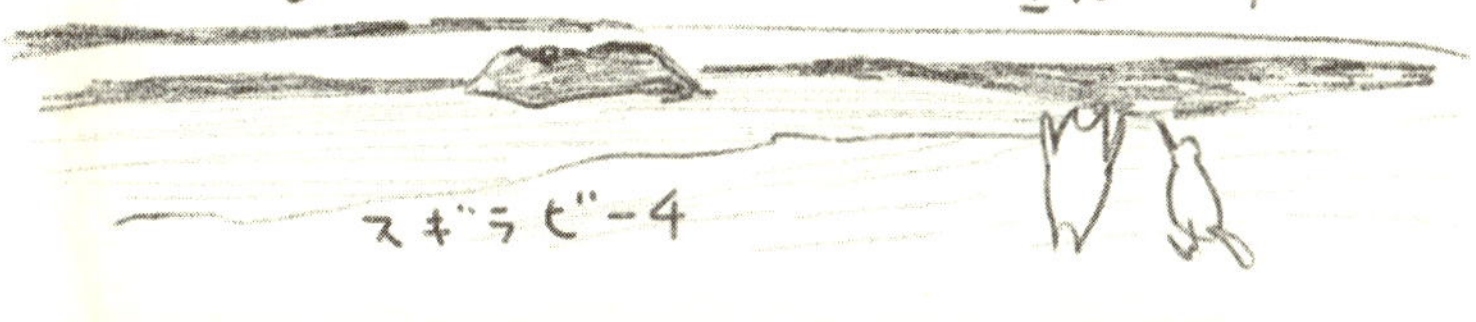

喜界島では、やぎみつるのアテンドでビーチパーティが行われた。夕方といってもまだ明るい時間帯に、空港のすぐそばにあるビーチに行くと、発泡スチロールの箱や、炭、酒瓶が置かれていた。

「地元スーパーが配達してくれるんですよ」

発泡スチロールの中には、肉がたっぷり。同行していた『奄美群島時々新聞』の編集員はみな、奄美群島《あまみぐんとう》の島人だけに、男性陣がちゃっちゃと火をおこしはじめて、バーベキューがはじまった。

お酒はもちろん「喜界島《きかいじま》」と「朝日《あさひ》」。島だと一升瓶2つを縄で縛って運びやすくされた形状をよく見かけるが、その場にいた大人7人に対して二升とは……。紙コップに焼酎を注いで、甘い香りに酔いながら、焼きあがった肉たちをいただく。バーベキューでは、地元居酒屋からテイクアウトした「からじゅうり」や「ヤギ刺し」「ヤギ汁」が登場することもあり、海を見渡す絶好のロケーションで、島の味に舌鼓をうつ時間は幸せである。

そうするうちに、ビーチから見える奄美大島《あまみおおしま》の島影に、夕暮れの太陽が少しずつ沈んでいった。あたりには我々のほか、地元島人らしきバーベキューグループが数組。島人にとっては慣れた景色かもしれないが、このロケーションのなかで島ナイトが楽しめるなんて、実に贅沢である。

離島経済新聞社の島酒ツアーできた時には、酒好きのツアー一行を、島の皆さんがこのバー

ベキューでもてなしてくれ、喜界島の名物島人「西商店《にししょうてん》」の西徹彰《にしてつあき》さんが、島唄を披露してくれた。夕日が沈んだ広場を月明かりが照らし、そこで奏でられる三線の音が、黒糖焼酎とヤギ料理を一層、美味しくしてくれた。

野外の島ナイトに区切りがつくと、二次会は島のバーやスナックへと流れるパターンが多い。奄美大島の「ASIVI《アシビ》」しかり、喜界島には「Funky Station SABANI《サバニ》」というライブハウスがあって、大人数なら「SABANI《サバニ》」のバーで、わいわいお酒をいただくのもよく、運が良くライブがあれば島内外のアーティストの演奏に酔いしれることもできる。

ちなみに喜界島には昔ながらのスナックも多く、くじらも三次会でディープな世界をのぞいたことがある。いずれの場でも、喜界島の夜は、この島の黒糖焼酎「朝日」か「喜界島」をいただくのが至福である。

ごまかし

離島経済新聞社内で喜界島《きかいじま》といえば、喜界島出身の元学生インターンのタムのことが一番

西商店
大島郡喜界町小野津887-1
0997-66-0123

Funky station SABANI
大島郡喜界町湾500-8
0997-65-0930

に思い浮かぶ。甘いものが大好きで、顔はリス似。適度なゆるさもあるが、仕事ぶりがスマートで都会的なコミュニケーションが持ち味だったので（その手腕から現在は東京でベンチャー会社を起業）、会う人には「島らしくない」といわれることもあり、その度に「毛の濃さ」で島出身をアピールしていた。

そんな彼が、立ち上げ間もない離島経済新聞社の学生インターンに申し出てきたのには訳があった。彼は喜界島の実家でつくっている白ゴマでゴマ油をつくり、商品化したいと思っていたのだ。

島セガレがなにやらステキな島孝行を企んでいることを知ったくじらは彼の野望を手伝い、間もなく「ＧＯＭＡＣＡＳＩ（ごまかし）」という名のゴマ油が誕生した。このゴマ油は30グラムで３０００円。値段だけみるとギョッとするのだが、その背景を知ると納得できる。

日本人はゴマが大好きだし、くじらもゴマ好きだから、自宅の台所には白ゴマ、黒ゴマ、金ゴマ、すりゴマ、いりゴマと各種ゴマを取り揃えている。しかし、くじらはタムに衝撃的な事実を教わる。

「姉さん、ゴマの９９・９％は外国産なんですよ」

えー！　である。ゴマは日本の食卓になくてはならないメジャー食品である。なのに、ほとんどがインドなどの諸外国からやってきているものらしく、国産ゴマは０・１％程度と

……。海外産を否定したいわけではないが、これだけ大好きなゴマである。もう少し自給したいではないか。

「そのうちの7割を喜界島でつくっています」

と、タム。喜界島は国産ゴマの生産量では日本一を誇り、栽培されているゴマは喜界島の在来品種らしい。タムにもらったゴマ油を味見してみると、ゴマ油というよりピーナツのように香ばしい。そこでタムのゴマ油は炒め油用ではなく、アイスクリームに数滴のしずくを落として、香ばしさを楽しむアイスクリーム専用のフレーバーオイルとして売り出されることになった。

名前は、ゴマを黒糖で固めてつくる喜界島の郷土菓子「ごまかし」と、普通のアイスをゴマ味にごまかすという意味で、「GOMACASI」と命名。くじらはゴマも好きだがゴマアイスも好きで、タムが持ってきた試食用バニラアイスと「GOMACASI」を試してみたところ、完璧なゴマアイスになっていて感動した。

そんなタムと一緒に喜界島を訪れた時（タムは帰省だが）、お母さんが栽培しているマンゴー園におじゃました。マンゴーの収穫期ではなかったけれど、タムママが冷凍していた完熟マンゴーを試食させてくれ、それがまたとろけるように美味しかった。

農業が盛んな喜界島では、ゴマやマンゴーのほかにも花良治《けらじ》という集落名がつく在来品種

のみかんや、トマト、サトウキビなどを作っている。タムの「GOMACACI」のように、加工品づくりも盛んなので、喜界島ではお土産品コーナーも要チェックである。

喜界島のくろちゅう

島の風にそよぐサトウキビをかじると、素朴で自然な甘さが楽しめる。その名も「喜界島《きかいじま》」という黒糖焼酎からは、サトウキビの素朴な甘さをそのまま溶かしたような、砂糖菓子にも似た香りがする。ふわふわ甘いけど、しつこくない。可愛らしい香りと味が、その名でもある島の素朴な風景を感じさせる。

喜界島空港《きかいじまくうこう》からほど近い、喜界島酒造《きかいじましゅぞう》には分かりやすい目印がある。それは島の西側に並ぶ大きなタンクと、ロードサイドにピラミッド状に積まれた樽《たる》。樽の側面には「く」「ろ」「ち」「ゅ」「う」と書かれている。喜界島酒造では黒糖焼酎を「くろちゅう」と呼んでいるらしい。

くじらのような人間は、「くろちゅう」と聞くと、「ぴかちゅう」「にゃんちゅう」的な可愛い生き物を想像してしまうから、「こくとうしょうちゅう」と聞くよりも断然、可愛

喜界島荒濾過 黒糖
原酒を荒濾過し
旨みを残した仕上げ。25度。

喜界島
蔵の代表銘柄。
20度、25度、30度がある。

いイメージが湧きあがる。

「くろちゅう」は喜界島酒造の代表、上園田慶太《かみそのだけいた》さんが命名したという。

「現代表の上園田慶太さんは、36歳のときに酒造部門を任され、40歳で経営の全てを引き継いだ方です。慶太さんは自社だけでなく奄美黒糖焼酎全体のＰＲに意欲的で、若い造り手達の集まる酒造組合の青年部活動では、まとめ役を務めています」

とくっかるがいう。広告業界では、口にしやすくて覚えやすい略語が流行るといわれている。黒糖焼酎の「黒」と「酎」で「くろちゅう」。

その手があったか！　なネーミングである。

隆起サンゴの水

隆起サンゴでできた喜界島《きかいじま》の水は、石灰質のサンゴでろ過されたカチカチの硬水。やわやわの軟水が湧き出る地域で生まれ育ったくじらは、「水が硬い」の意味を知らなかった頃に、「ダイエットに良い」という流行りにのって硬水のミネラルウォーターを飲んでみたところ、するりと飲み込めない違和感を感じて、はじめて「水が硬い」を理解した。

くっかる曰く、「喜界島酒造《きかいじましゅぞう》のお酒に使用する仕込み水は、蔵から2キロ離れた山間部の地下30メートルから汲み上げた硬水」らしい。飲み込み辛い硬水で酒を造ったらどうなるんだろうかと懸念すると、「石灰質の土壌から溶け出したミネラルが栄養になって、もろみの発酵を促してくれる」と応えてくれた。

ただし、硬水を使うのは「仕込み水」だけで原酒を割る「割水」に使うと大変なことになるらしい。

「アルコールの刺激感が出て、ツンツンした感じになるのと、焼酎に溶け込んだ油脂分とミネラルが結合してオリができるんです。そこで、割水するときには軟水化処理した水を使っているんですよ」

そんな水の話から、喜界島にある小さな鍾乳洞を訪れた時のことを、くっかるが話はじ

三年寝太蔵

三年以上貯蔵熟成の純古酒

しまっちゅ伝蔵

コクのある味と香り。
16度、25度、30度がある。

めた。

「その日は雨で、洞穴の上を覆うように生えたガジュマルの木の根を雨水が伝い、岩肌を濡らしていました。それを眺めながら、想像してみたんです。焼酎のほとんどを占める成分、水。その水は、どこから来た？　海を太陽が照らして、雲ができて、島の上空から雨になって降り注いで……水の力で島の石灰岩に少しずつ道ができて、水が浸透していって地下に貯まる。そんな風に、水が旅してきた時間の延長上に黒糖焼酎も存在しているのだなぁと感じました」

ロマンチックなくっかるの想像にのっかると、自分が手にする酒も、海水が蒸発して、空から降って、島に染み込んで……と、壮大な旅をしてきた水でできているわけで、酒瓶に透ける透明な液体にもいろんなドラマがあるものだ。

喜界島酒造には「喜界島《きかいじま》」「しまっちゅ伝蔵《でんぞう》」「三年寝太蔵《さんねんねたぞう》」「喜界島荒濾過《きかいじまあらろか》 黒糖《こくとう》」「キャプテンキッド」といった銘柄があるが、どのお酒にも喜界島のサンゴを通り抜けた水が使われている。

キャプテンキッド

長期貯蔵原酒を更に樽で熟成。43度。限定品。

焼酎の香味野菜添え？

喜界島酒造《きかいじましゅぞう》を訪れた時、蔵人さんに「おすすめの飲み方は」と聞いてみると、「水割り・お湯割り・ロックもいいけど、香味野菜もいけますよ」という意外な答えが返ってきた。

「香味野菜ですか？？」

「はい、パプリカとか、セロリとか、青じそとか、しょうがとかですね」

ぱ、ぱぷりか？　そのアイデアは考えつかなかった。くじらには、焼酎に水・氷・お湯・炭酸以外のものを加えることに罪悪感があり、西平酒造《にしひらしゅぞう》の「ミルク割」にもびっくりしたのに、ここでは蔵の人が率先して「パプリカ」をおすすめしていらっしゃる。

「くろちゅうは野菜や果物との相性が良いので、アレンジにも優れているんです。香味野菜を入れる場合は、お湯割りだと野菜の香りが強く出すぎるので、水割りかロックに入れてくださいね」

言われてみると、黒糖はいろんな料理の隠し味になる素材なわけだから、合わないということはなさそうだ。もちろん黒糖焼酎だから黒糖の香りがするわけだが、その香りと相性の良さそうな別のテイストをちょい足しするのは、料理好き女子（もちろん男子も）には楽しい飲み方である。

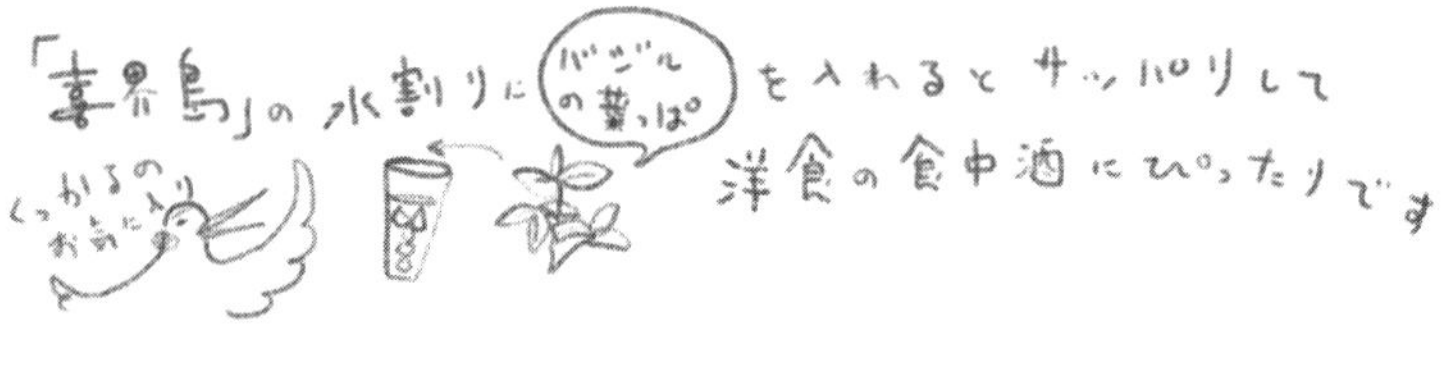
「喜界島」の水割りに
バジルの葉っぱ
を入れるとサッパリして
洋食の食中酒にぴったりです
くじらのお気に入り

「生姜はお湯割りもおすすめです」

と、蔵人さん。「黒糖の生姜割り」なんていったら、しょうが大好きの冷え性さんに大ウケである。お湯を炭酸に変えたら「黒糖ジンジャーエール」だし。

「焼酎に違う味のものを入れてはいけない」という強迫観念があったくじらだが、よく考えると「モヒート」や「ハイボール」は迷わず飲んでいた。くじらは、焼酎を飲んでいる日に別の種類のお酒を混ぜると頭が痛くなるから、焼酎と決めた日には焼酎だけを飲んでいるほうが幸せである。でも時々、口直しに「モヒート」を頼んでいたが、焼酎をモヒートにできるなんて！

黒糖焼酎はなんて懐の深いお酒だろう。その胸に飛び込みたい気分だった。

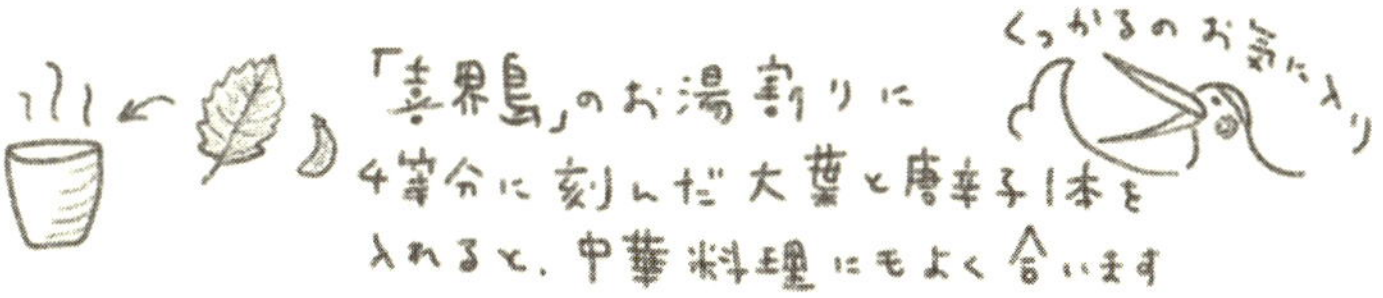
「喜界島」のお湯割りに
4等分に刻んだ大葉と唐辛子1本を
入れると、中華料理にもよく合います
くっかるのお気に入り

●くっかるの酒蔵案内・喜界島酒造（きかいじましゅぞう）

喜界島酒造は、喜界島で不動産業やタクシー会社、酒造業として宮崎県にも幸蔵（こうぞう）酒造（株）を擁するグループ企業のひとつ。その原点は、大正時代にさかのぼります。泡盛杜氏だった石川すみ子（いしかわ・すみこ）氏が大正5年（1916）年に旧喜界村・赤連（あがれん）で開いた酒造所が、蔵のルーツです。喜界島では、それ以前より集落などで焼酎の自家醸造が行われていて、すみ子氏は島内の酒造所に技術指導を行ったと伝えられています。

昭和42（1967）年に、すみ子氏の次男の石川春雄（いしかわ・はるお）氏が酒造所を継承し、社名を石川酒造株式会社としました。この石川酒造を前身とし、昭和48（1973）年に上園田文義（かみそのだ・ふみよし）氏が免許を引き継ぎ、喜界島酒造株式会社へ社名変更。代表銘柄を「喜界島（きかいじま）」とし、今に至ります。

麹（こうじ）はタイ米を使用し、白麹と黒麹を使い分けています。黒糖は沖縄産をメインに使用し、不足分を海外産でまかなっています。仕込み水は、島の地下から汲み上げたミネラル豊かな天然水。割り水には軟水化処理した水を用い、口当たりよく仕上げています。

自動製麹機（せいきくき）で麹を造り、一次も二次もステンレスタンクに仕込みます。発酵中のもろみは、人の目で30分～1時間おきに温度や状態をチェックし、良い発酵状態を保つよう注意深く管理されています。

蒸留は、原料の風味と旨味を引き出す常圧蒸留。3トン、4トン、6トンの3基の蒸留機を所有し、

喜界島クレオパトラアイランド
長期貯蔵による芳醇な香り。
25度と28度がある。

年間で最大約６４８０キロリットルの製造能力を備えています。蔵全体の総貯蔵能力は約４０００キロリットルあり、大量の原酒を時間をかけて熟成させることが可能です。

平成21（２００９）年からは、蔵から出る焼酎粕を肥料にしてサトウキビの自社栽培にも取り組んでいます。このキビからつくった黒糖で仕込んだ焼酎は、限定品として発売されています。

喜界島酒造株式会社（見学可・要予約）
大島郡喜界町赤連2966-12
0997-65-0251
http://www.kurochu.jp/

俊寛 甕（鹿児島県限定販売）
喜界島ゆかりの「俊寛」を偲ぶ
黒麹仕込みの古酒。
甕入り柄杓付き。

はじめて飲んだ黒糖焼酎

喜界島《きかいじま》の朝日酒造《あさひしゅぞう》を訪れることになったくじらは、特別な思いに駆られていた。なぜなら、くじらがはじめて味わった黒糖焼酎が、ほかでもない「朝日《あさひ》」だったからだ。

かつて福岡で暮らしていたくじらは、居酒屋のカウンターでいつものように芋焼酎を飲んでいた。でも、いつも「芋ください」じゃ芸がないなと「一番、甘い焼酎をください」と店主に頼んでみると、「朝日」という酒が差し出された。グラスに注がれた酒からは、甘くて、少しだけクセがある香りがする。クセといっても、芋焼酎を飲みなれた人間にすれば、かなり上品なもの。その味わいには、雑味のない旨味と甘さがあって、くじらの味覚がその美味しさにぴこんと反応した。

「これ、美味しいですね」

店主に伝えると、黒糖焼酎であることを教えてくれた。あれから10年以上後に、「朝日」の蔵を訪れることになるとは思ってもみなかったが、黒糖焼酎の美味しさに気づかせてくれた蔵に訪れることができたことに、くじらはひとり感動していた。

朝日
創業時から受け継がれる代表銘柄。
25度、30度がある。

オーガニック黒糖で造る「陽出る國の銘酒」

朝日酒造《あさひしゅぞう》は、喜界空港《きかいくうこう》からほど近い集落にあり、実は奄美群島《あまみぐんとう》で現存する最古の酒蔵らしい。のどかな街角にある背の高い倉庫風の醸造場におじゃますると、ぷうんと原酒の香りが漂っていた。

「代表銘柄『朝日《あさひ》』は、沖縄産黒糖を使用しています。黒糖の風味を活かすため、沸騰させずに低めの温度でゆっくりと黒糖を溶かしたものを仕込んでいるんですよ」

と、くっかる。黒糖焼酎の原料になる黒糖は、沖縄の島々でつくられた沖縄糖を使うのがほとんどだが、朝日酒造は「島産」にこだわり、喜界島《きかいじま》で育てたサトウキビを喜界島で製糖し、その黒糖だけを使う限定酒も造っている。

「朝日酒造は島内に焼酎製造工場、貯蔵庫、サトウキビ畑と製糖工場を持っていて、サトウキビから製糖まで自社生産した黒糖を原料にしたお酒を『陽出る國の銘酒《ひいずるしまのせえ》』という銘柄で出しています」

農業が盛んな喜界島には、サトウキビ畑が続くのどかな風景がある。朝日酒造は、無農薬でサトウキビの自社栽培に取り組んでいる。サトウキビにはいくつかの品種があって、中でも太茎種《たいけいしゅ》という昔ながらの品種は、深い味わいが特徴とのこと。

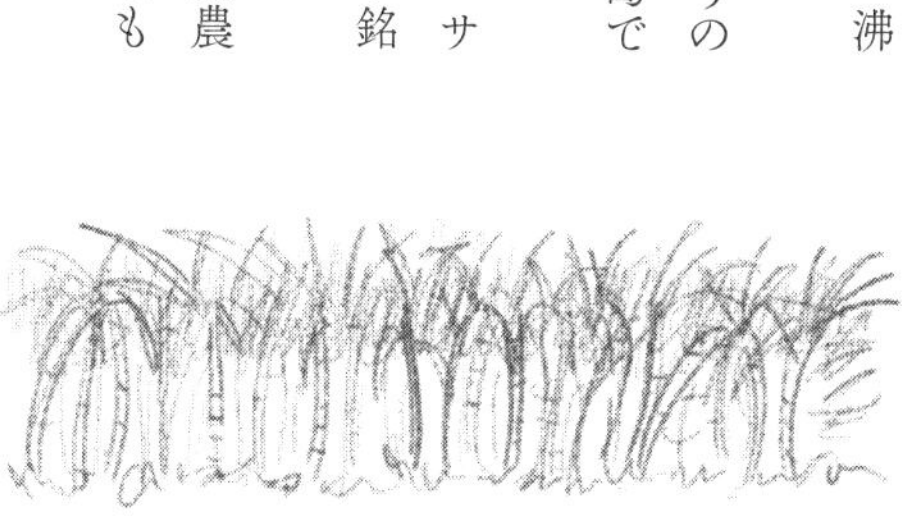

オーガニック
サトウキビ

「近年はサトウキビ収穫の機械化が進み、扱いやすい細身で茎の硬い品種が主に生産されていて、太茎種は珍しいんです。サトウキビの風味は空気にふれると変わってしまうので、風味を逃さないよう手刈りして、すぐに自社工場へ運んで製糖しています。12〜4月頃の収穫時期は、蔵子総出の作業になるそうですよ」

我々のような呑んべえ女子は、ワインでも「無農薬栽培」「オーガニック」という言葉に弱い。「無農薬」「昔ながらの品種」と聞いてしまうと、高級レストランで冷や汗をかくヴィンテージワインのようなお値段でなければ「あら、ではそちらをお願いします」と言ってしまうのだ。

生まれたての「朝日」

朝日酒造《あさひしゅぞう》の酒蔵見学の途中、造り手さんがタンクの前で立ち止まり、タンクに柄杓を沈めると、透明な液体をすくい出し、コップに注いだ。そして、我々を見てにやり。

「これは蒸留から3日目の生まれたての『朝日《あさひ》』です」

生まれたてと聞くとなぜかヒヨコを想像してしまうが、ここで生まれているのはヒヨコではなくアサヒである。しかし、酒好き女子は生まれたてのヒヨコを愛でるように、透明な液体に

陽出る國の銘酒（ひいずるしまのせえ）

年度毎に瓶詰め。サトウキビから自社生産した黒糖を使用し5年熟成。

41〜44度。

※年度によって度数が変わります

対して「可愛い」という感情を抱く。

「味見しますか？」

との声になかば被せ気味に「はい」と即答し、コップを受け取る。そして、可愛い、生まれたての、フレッシュそのものの、アサヒちゃんに口をつけてみる。

「くううっ！」

ヒヨコはソフトだし、可愛いものは大抵甘いはずだが、生まれたてのアサヒは刺激的でピリカラ。ほんのすこし舐めただけなのに、毛虫を踏んだ猫のように全身の毛がビリっと逆立った。

「そうそう。はじめて味わった「初垂れ《ハナタレ》」は鮮烈でした。私がはじめて蔵を訪れたのは11月。焼酎の製造が始まる時期で、朝早くから蒸留が行われていました。蔵の中に焼酎の香りが漂い出し、間もなくして蒸留機の垂れ口から透明な初垂れが落ちてきます。アルコール分は70度。吟醸酒のようなフルーティーで華やかな香りが立ち昇り、口に含むと舌にピリリと刺激があって、飲み込むと喉にガツンとくる。蒸留したての原酒の活き活きとした力強さに、目の覚めるような思いがしました」

と、くっかるが笑う。70度といえばウォッカかテキーラの域。生まれたてのアサヒちゃんは、なかなかの強者であった。

島育ち
仕次ぎ貯蔵による熟成酒。
甕壺入限定品。25度。

いろんな「朝日」

朝日酒造《あさひしゅぞう》の醸造場から少し離れたところにある、モダンでおしゃれな貯蔵庫におじゃますると、1階には貯蔵タンクが並び、2階は公民館の広間みたいなフローリングになっていた。ぴかぴかの床には、ところどころにふたがあって、開けてみると、我らの宝物が静かに眠っていた。

タンクに眠る原酒は銘柄ごとに分かれていた。

代表銘柄の「朝日《あさひ》」に、通常より黒糖を少なめに使い、麹《こうじ》には国産米を使用して、低温発酵で仕込み、米の風味を引き出した「飛乃流《ひのりゅう》 朝日《あさひ》」。通常の2・5倍量の黒糖を使い、黒麹で仕込む「壱乃醸《いちのじょう》 朝日《あさひ》」、蒸留のはじめに取れる「初垂《はなた》れ」を取り出した、黒糖焼酎で初の初留取《しょりゅうど》り銘柄の「南《みなみ》の島《しま》の貴婦人《きふじん》」、それに自社栽培のキビからつくる黒糖を原料に、蒸留年度ごとに貯蔵したヴィンテージ黒糖焼酎「陽出る國の銘酒《ひいずるしまのせえ》」。

「銘柄ごとの個性に合わせて、いろいろな飲み方が楽しめるんです」と、くっかる。

「お湯割りが向いているのは、フルーティで優しい味わいの『飛乃流 朝日』。反対に、黒糖の香りが立って、キレ良くスッキリした『壱乃醸 朝日』は、ロックや水割り向き。『南の島の貴婦人』は華やかな香りが特長で、ロックか、小さなグラスでストレートがおすすめ。『陽

壱乃醸 朝日
黒麹仕込みで黒糖の香りが強くキレがよい。
ロック・水割りなどに。25度。

飛乃流 朝日
フルーティでやわらかな味わい。
お湯割りに合う。25度。

出る國の銘酒』は度数が高いので冷凍庫で冷やしてトロッとさせてもいいし、製造年度ごとに瓶詰めされているので、マニアックに製造年度での飲み比べも楽しめます。こんな風に、銘柄ごとの特徴がはっきりしているので、いろいろ飲み比べても面白いですよ」

そういわれたくじらは、「朝日」と「南の島の貴婦人」を飲み比べてみた。すると、旨味の成分なのか、どことなく醤油や納豆のような香りがする「朝日」は、旨味も甘さもさっぱり味わえるが、「南の島の貴婦人」ときたら「朝日」をぎゅううっと凝縮したような華美な香りがする。口にすると、44度もあるのに強さはすっと消え、辛みのない、甘い甘い味わいと、鼻をつんと刺激する強さがくせになる。なんと美しい味だろう。

ちなみに、くじらはどちらの酒も、アテにするなら喜界島《きかいじま》のゴマ菓子をおすすめしたい。国産ゴマの生産量では日本一の喜界島では、貴重な国産ゴマを黒糖でかためたゴマのお菓子がある。香ばしいゴマの風味と、黒糖の奥深い甘さを、黒糖焼酎と一緒に味わうと、なんともいえないハーモニーが楽しめる。

喜界島の喜禎さん

オオゴマダラが舞うゴマの産地で美酒を醸す杜氏《とうじ》さんは、喜界島《きかいじま》の「喜」が名前に入る、喜禎《きてい》さんといい、蔵の設立から四代目になる。

「現代表で杜氏の喜禎浩之《きていひろゆき》さんは、東京農業大学醸造学科を卒業後、鹿児島の焼酎蔵で3年間の修行を経て帰島しました。蔵入り後は、培った専門知識と独自のアイデアを造りに発揮して、明確なコンセプトに基づく銘柄を生み出してきました」

と、くっかる。東京農大といえば、東京大学、東京藝大と同じく、国が誇るエリートが輩出される大学である。東大からエリート官僚が誕生するように、東京農大醸造学部からはエリート杜氏が誕生するイメージが、くじらの頭のなかにぽんぽんと浮かぶ。

くじらは以前、喜禎杜氏に「島で働く人」というテーマでインタビューをしたことがあった。

「仕事の面白さは、島の農産物で、見えない微生物と一緒にいかに魅力のあるお酒を造るか。喜界島を伝えられるオール喜界島の焼酎を造りたい」

喜禎さんは、そんな熱い想いを語ってくださった。喜界島での稲作は簡単ではなく、今も「オール喜界島」焼酎を造る挑戦は続いている。

奄美群島《あまみぐんとう》の東側にある喜界島は、奄美群島で一番に陽がのぼる島。だから、朝日酒造の

たかたろう（減圧蒸留）
夏向けの爽やかな味わい。
12度、25度がある。夏季限定出荷。

南の島の貴婦人
初留取りによる華やかな
香気が特長。44度。

銘柄には、島の夜明けが謳われている。喜禎杜氏の想いを知ると「朝日」の味わいの後ろ側に、喜界島の情景がはっきりと浮かんでくる。明日はどんな朝日が昇るのだろう。いつか昇ってくるだろう「オール喜界島」の朝日が待ち遠しい。

●くっかるの酒蔵案内・朝日酒造（あさひしゅぞう）

朝日酒造の創業は、大正5（1916）年。奄美群島で現存する、最も歴史ある焼酎蔵です。初代・喜禎康二（きてい・やすに）氏が妻のハツエ氏を杜氏（とうじ）とし、泡盛の酒造所「喜禎酒造所（きていしゅぞうしょ）」として創業したのがはじまりです。泡盛の古酒（クース）と同じく、古酒に減った分の新酒を注ぎ足していく「仕次ぎ法」で熟成させる銘柄もあり、蔵のルーツを感じさせます。

製造工場には、煉瓦造りの煙突とボイラーが保存されており、歴史ある蔵の風格を感じさせます。煉瓦の煙突は蔵のシンボルとして長年地元っ子達に愛されてきましたが、度重なる台風などで老朽化したため、安全のために一部だけを残して屋内に保存されています。

代表銘柄「朝日（あさひ）」は、タイ米に白麹造り、沖縄産黒糖を使用し、黒糖と米の比率は1.6対1。仕込み水は、地下から汲み上げたミネラル豊かな硬水です。常圧で蒸留し、原酒は1年以上貯蔵してから商品化されます。

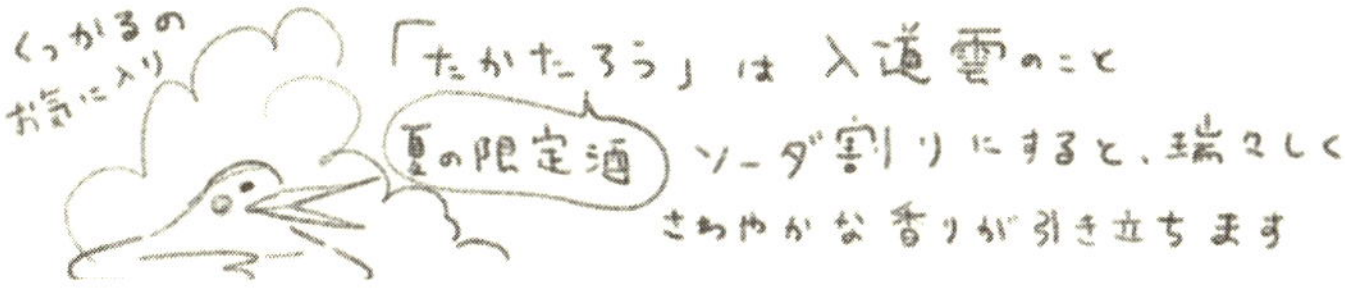

「壱乃醸 朝日（いちのじょう あさひ）」と「飛乃流 朝日（ひのりゅう あさひ）」は、原料や造りを工夫し、冷系／温系に適した味わいを構築した銘柄です。冷やす飲み方に適した「壱乃醸 朝日」は、タイ米に黒麹造り、米の4倍量の黒糖を使用して香りとキレを出しています。温める飲み方に適した「飛乃流 朝日」は、国産米に白麹造り、低温発酵でじっくりと米の香りやコクを引き出しています。

喜界島では、秋になると先祖を祭り敬う「高祖祭」が催されます。喜禎さん地元の湾（わん）集落では、住民が一斉に墓所へ集合して先祖のお墓に供え物をするのですが、自分の家のお墓参りだけでなく、黒糖焼酎の瓶を持って次々にお墓を廻り、まるで故人に挨拶をするように、お墓に供えたコップに焼酎を注いで回ります。この時期は島外で暮らす親戚なども多く帰省し、島中がにぎわいます。久しぶりに集まっての宴会には、もちろん黒糖焼酎が欠かせません。

奄美 黒潮

泡盛と同じ仕次ぎ貯蔵による熟成酒。35度。

朝日酒造 株式会社（見学可・要予約）

大島郡喜界町湾41-1

0997-65-1531

http://www.kokuto-asahi.co.jp/

徳之島

わいど！わいど！の徳之島

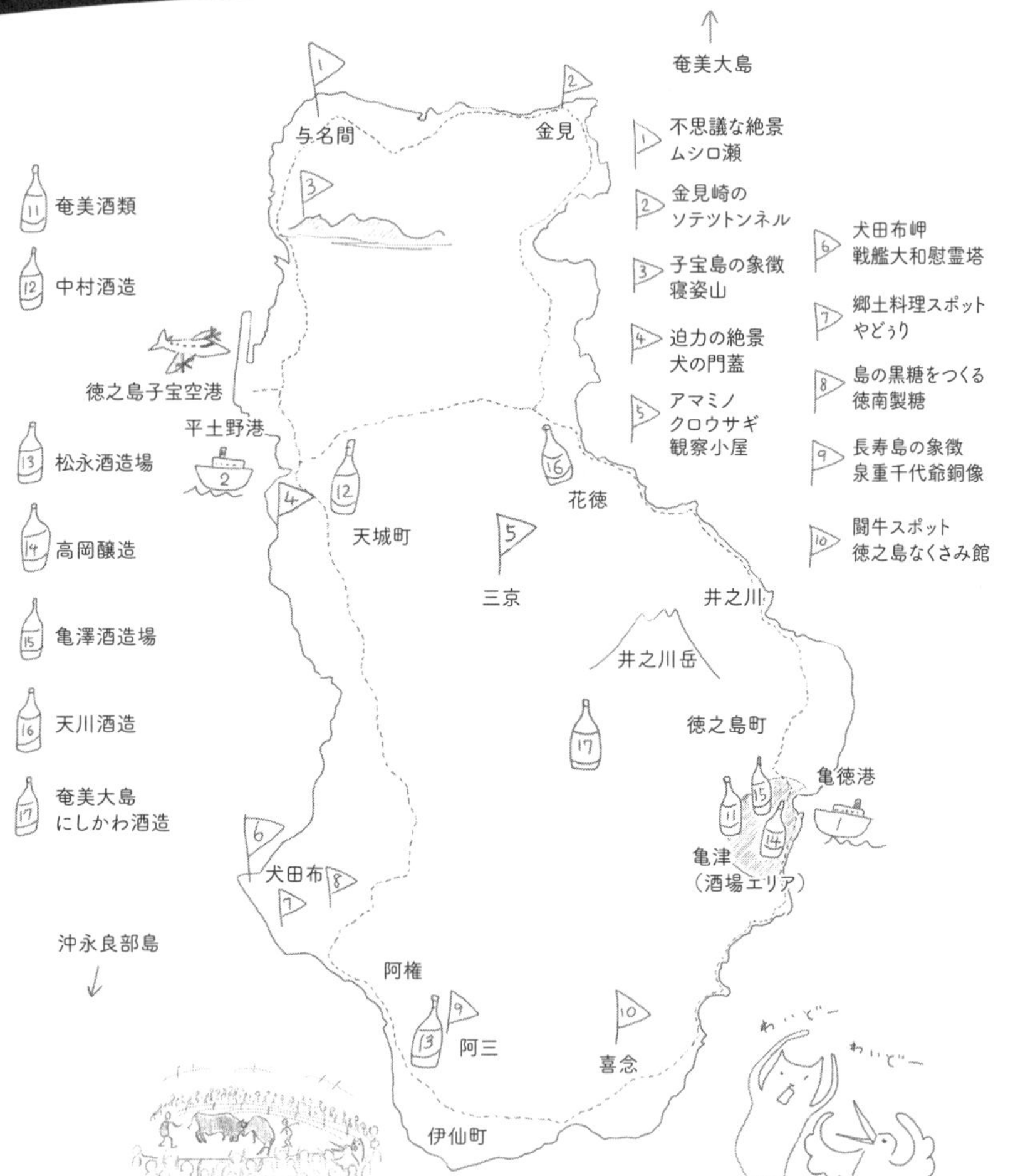

【 徳之島（とくのしま）・闘牛（とうぎゅう） 】

徳之島には奄美群島（あまみぐんとう）で唯一闘牛の文化が残っており、年3回の全島一大会（1月5月10月）を含む年20回ほどの闘牛大会が催されています。江戸時代、薩摩藩への砂糖納税に苦しむ農民が、やっとの思いで税を納めた喜びを祝って闘牛が行われたといわれ、今でも徳之島の人々は闘牛に熱い情熱を注ぎます。試合の前、牛主は、牛の角にヤスリをかけて尖るほどに研ぎ上げ、塩と黒糖焼酎を振り掛けて清め、仲間とともに勝利を祈願します。闘牛場では、牛と勢子（セコ）、観客が一体となり熱気に包まれます。勝利を祝う宴の場にも、黒糖焼酎が欠かせません。

ベストオブご当地豆腐

知らない土地に来ると、スーパーに立ち寄りたくなる。くじらの父は、高速道路のパーキングエリアに寄ると、何十回も来たことがあるなじみのお土産コーナーでも、必ず1周してしまう習性を持っているが、そのDNAを継いだせいか、港やら空港の売店に並んでいるお土産コーナーでは時間がゆるす限りぐるぐる物色してしまう。隣あったお店に同じ商品が並んでいたとしても、同じに見える風景の中からなにか「おやっ」と思うものを探し出したいのだ。

お土産品にはいつも楽しませてもらっているが、お土産品はお土産だけに、「地元の人は食べたことがない」ものも多いので、物色中に味気なさを感じることもある。そこで、スーパーに行くと、地元の人たちが口にしている食べ物がずらっと並ぶわけで、いかにも土着的なスーパーを見つけると「なにかあるはずだ」とめずらしいものレーダーが働きだす。

どうやって料理するのかわからない野菜に、野菜というよりは野草のようにも見える葉ものに、見たことのない色の魚。冷凍の肉類は、はるばる地球の裏側から来ていたりする。

スーパー散策中に、ご当地ものを見つけた日には、「なにこれ見たことないわ」と一人にんまりしているくじらは、めずらしいものに出会える狙い目エリアを、豆腐コーナーと定めている。

豆腐や牛乳は日持ちがしない。よって、島外から輸入するより島でつくられることが多

く、地元ならではの一品に出会う確率が高いのだ。

日本各地、どの島に行ってもチェックする豆腐コーナーのうち、「これは！」と感動したのは他でもない徳之島《とくのしま》だった。豆腐といえば、ソフトでやさしい食べ物の代表格である。しかし、そんな豆腐のパッケージにも徳之島では、劇画タッチで「闘牛の島！」と描かれるのだ。

そう、徳之島は闘牛のメッカ。島の人々が日々、手にするものにまでその熱が込もっているのだ。

わいどわいどの島

ひとつの島にもいろいろな表情があるものだから、その印象を一言では言い表しにくいし、島人さんもいろいろな考え方を持っていらっしゃるわけなので、一言で言い表すのは失礼に思えるので控えたい。でも、いくら心がけていても徳之島《とくのしま》の印象は先ず「『わいど』な島」である。

英語でいったら「幅（ＷＩＤＥ）」。

「る」を入れたらワイルド。

徳之島の闘牛場で聞こえてくる掛け声も「わいど」である。

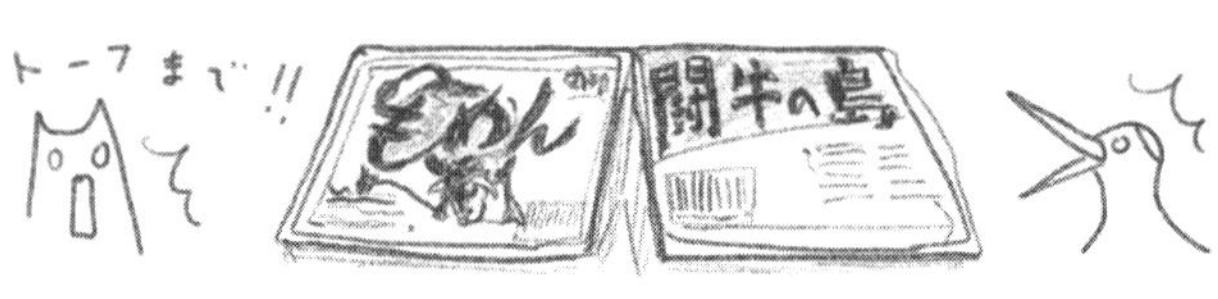

いくつかある意味の一つは「わっしょい」だから、ＷＩＤＥもＷＩＬＤの意味も遠からずな気がする。そんな「わいど」を歌った「ワイド節」は、闘牛島のテーマソングだ。

わいど わいどぉ〜わいどぉ〜
わっきゃ牛わいどぉ〜
全島一わいどぉ〜♪

徳之島を歩くと、どこかしらでこのフレーズを耳にすることがある。軽快なリズムと耳に残る歌詞は頭から離れなくなり、無意識のうちに「わいど、わいどぉ〜」とエンドレスにまわり出す。

日本には、島根県の隠岐《おき》の島《しま》や、愛媛県の宇和島《うわじま》、沖縄県のうるま市など、いくつか闘牛が盛んな地域があって、徳之島も闘牛界では名だたる聖地の一つとして知られている。

「かつて豊年祭の一環で行われていた『牛慰み《ぎゅうなくさみ》』という農耕牛の試合が闘牛のルーツ。奄美群島《あまみぐんとう》のほかの島では時代の変化とともに姿を消したけれど、徳之島だけは訓練させた牛を戦わせる興行に変化して残ったんですよ」

と、くっかる先生。奄美群島で唯一、闘牛文化が残った徳之島では、いまも推定５００

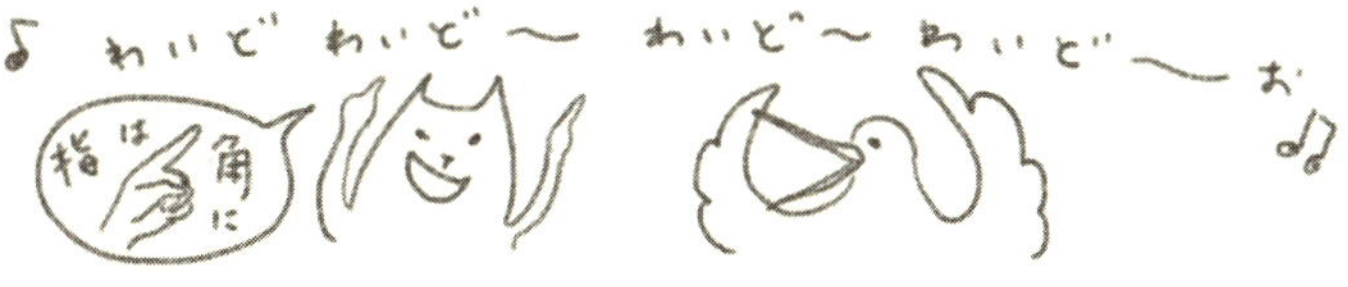

頭の闘牛が飼育されているらしく、島内各地にある闘牛場で、年間20回ほどの闘牛大会が開催されている。なかでも「全島一」と呼ばれる大会は、島で一番強い牛を決める戦いというだけあって、徳之島中の闘牛ファンが熱狂し、島外のファンも駆けつけて闘牛場は熱気で包まれる。

全国有数の闘牛のメッカ、徳之島の町を歩いているといたるところで相撲の番付のような「闘牛番付」のポスターを見かける。過去の闘牛ビデオを揃える専門店もあって、恐る恐るなかに入ると、天井には一面に応援タオルが貼り付けられていた。

「ワイド節」の歌詞には「三京《みきょう》ぬ山風《やまかぜ》いきゃ荒《あら》さあても」という一文があるのだが、この「三京《みきょう》」とは徳之島の真ん中にある小さな集落のこと。

くじらは、離島経済新聞社の取材で、三京で農業を営む徳之島出身のいづみちゃんという女の子に話を聞いたら、なんと「ワイド節」のモデルになった全頭一の牛は、彼女のおじいちゃんが育てていた牛だった。

いづみちゃんは太陽のように明るい子で、彼女の農園は、その名も「パッションファーム徳之島」という。わいどの島、徳之島はまさに情熱の島である。

闘牛好きの子どもたちの
ステイタスは「牛の世話」
!

いざ、全島一へ

ある時、徳之島《とくのしま》にいたくじらは、島の方に挨拶をするたび「全島一《ぜんとういち》に来たの？」と言われて、旅程の最終日が闘牛大会の日だと気がついた。

全島一。まず音がかっこいい。闘牛の島で、最も強い牛が決まる決戦はどれだけ熱いのか。島の熱源をどうしても見たくなり、予定を1日のばして全島一会場に向かった。

伊仙町《いせんちょう》の闘牛場に近づくと、よく晴れた秋空の下、闘牛目当ての縦列駐車がつづいている。闘牛場の外には焼きそば、焼き鳥を売る屋台があって、入り口でチケットを買う。大人1人3000円。小型のコロシアム風円形ドームのなかは、すでに満員。人をかきわけて一番後ろの席をなんとか確保して、開幕を待った。

伝統文化といわれるものは、それがどんなに素晴らしくても、集まるのはご年配が中心で、加えて、教育熱心な子育て世代や、継承に熱心な人々が集うイメージだった。でも、闘牛場には、闘牛デートを楽しむ高校生カップルがいて、20代の女子グループも、番付表をみながらきゃっきゃと騒いでいる。登場するのはアイドルではなく牛である。もしかして、彼らにとっては牛もアイドルなのだろうか。

この日の対戦は10組。熱気高まる闘牛場の片隅で待っていると、若手特別戦がはじまった。

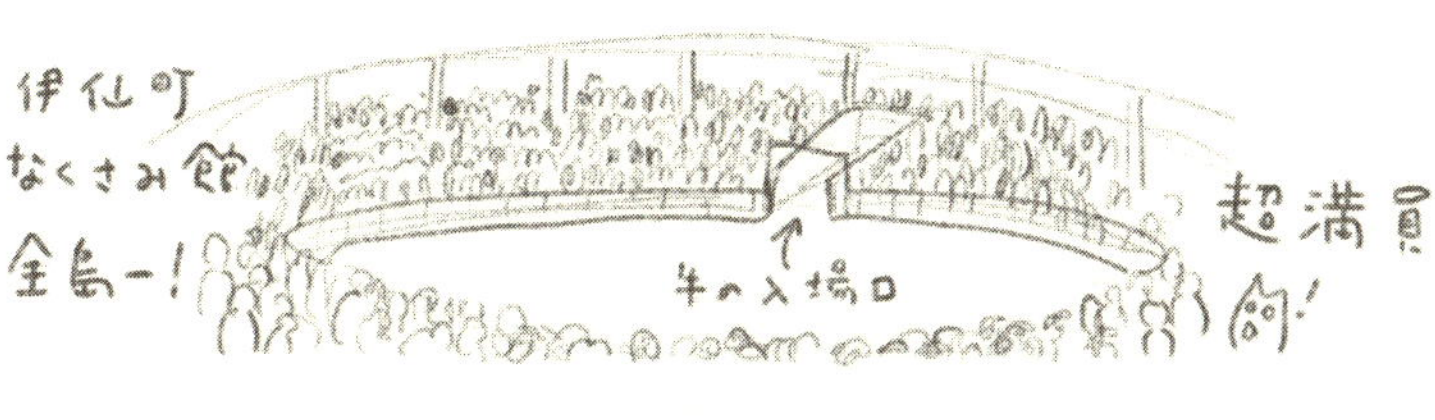

「パッパー、パラッパー」

ラッパの音と入場曲が鳴り響き、登場したのは「天龍一撃《てんりゅういちげき》」と「極進龍《きょくしんりゅう》」（という名前の闘牛）。気の立った牛たちは、入場から唸り声をあげて、砂を蹴る。

「うぉー、うぉー」

これを猪突猛進というのか。牛が突進しながら入場し、互いにどしんと激突して、牛の前脚が浮き上がる。

「ハイネ！ ハイネ！（それ行け、それ行け）」

勢子《せこ》とよばれる人が牛を煽りたて、ばふっばふっと土を強く踏みつけ、牛と牛はツノを合わせ、にらみをきかせたままじっと間合いを図る。次の動きはどちらが先に仕かけるか。固唾をのんで牛を見つめる。

「ハイネ！ ハイネ！（それ行け、それ行け）」

勢子の声に、どちらともなく牛が大きく動き、片方が背を向ける。牛と牛が戦う闘牛の勝敗は、どちらかの牛が戦闘意欲をなくした瞬間で決まるらしい。勝利が決まった瞬間、勝った牛主のチームが歓喜。

「わいどぉー！ わいどぉー！」

子どもたちも飛び跳ねながら入場し、大人が子どもを牛の背に乗せる。背に乗った子ど

もは両手を振りかざして、手をひらひら。

「わいどっ！　わいどっ！　わいどっ！」

まわりの大人も手をひらひら舞わせながら、

「わいどっ！　わいどっ！　わいどっ！」

　会場いっぱいに勝利の喜びが充満し、隣で見ていた兄さんが、携帯電話で誰かに牛の勝敗を報告していた。

　それから次の対戦を待っていると、会場がどよめきはじめる。なにやら、次に戦う牛が脱走したらしい。「しばらくお待ちくださいますようお願いします」のアナウンスに、フェンスの隙間から外をみると、闘牛場の裏側に牛の姿があった。そんなハプニングもありながら、10組の試合は2時間ほどで終了。数秒から数十分まで戦いはさまざまで、牛と人の熱気に、くじらも自分の体温が上がった気がした。

　全島一のステイタスはこの島では相当なもの。闘牛場に集まった思春期のお兄ちゃんお姉ちゃんも、ファミリーも、お年寄りもみんなが、牛に夢中だった。

長寿・子宝の島

徳之島《とくのしま》には、世界の最長寿としてギネスブックにも載ったことのある、泉重千代《いずみしげちよ》氏（諸説あるが、享年１２０歳ともいわれている）の出身地としても知られる長寿の島である。泉重千代さんが暮らしていた伊仙町の阿三《あさん》集落には「泉重千代翁之像」も鎮座している。

長寿の島だけでもめでたいが、徳之島はさらにめでたいことに「子宝の島」でもある。日本が少子高齢化にあるのに、徳之島空港《とくのしまくうこう》には「子宝空港《こだからくうこう》」の冠が付くほど。島をあげて子宝を掲げている背景にはしっかりとした根拠があって、一人の女性が出産する子どもの人数を数えた合計特殊出生率では、全国１６００超ある自治体のうち、徳之島３町がすべてベスト10入り。伊仙町においては1位なのだ。

そんな子宝島の空港から見える風景には、「寝姿山《ねすがたやま》」と呼ばれる山があって、あおむけに寝た女性らしきシルエットを見ることができる。おまけに赤ちゃんを運んでくるコウノトリも飛んでくるらしい。

あるとき、離島経済新聞社の取材で徳之島の助産師さんに取材をすると、

「島の女性は最低でも３人は産みたいというんです」

と島の育児感覚を教えてくれた。実際、聞いてまわるとお子さんが３人以上いるご家庭

子宝空港だけに
寝姿山も妊婦さん
←おなかが
ふっくら

が多かった。都市部で子育てをするお母さんには、子どもを保育園に入れるために偽装離婚までする人がいると聞いたことがあるが、たくさんの子どもを持つことに、不安はないのだろうか。詳しく聞いていけば、それぞれに不安もないわけではないらしかったが、多くの人が同じことを言っていた。

「島ではみんなが子どもを育ててくれるんです」

伊仙町の喜念《きねん》集落にある新田神社は、安産祈願の御神体がある。

『奄美群島時々新聞《あまみぐんとうときどきしんぶん》』の取材で訪れた時には、30センチくらいの石が白い砂の上にちょこんと立っていた。立て看板には「喜念集落の娘が太陽の光を強く受けたと感じて懐妊しました。娘は親、親戚、集落の人たちに恥ずかしく思いこっそり家を抜け出しお産を終えて自ら命を絶ってしまいました」という伝説が書かれていた。

「御神体をさわると子宝にめぐまれる」というので、同行者それぞれがぺたぺたと御神体に触れさせていただいた。それから3年の間に、『奄美群島時々新聞』で徳之島を担当していたワイド娘とくじらは、同じタイミングで子宝に恵まれた。

くじらが生後10ヶ月の娘を連れて徳之島に渡った時、久しぶりにワイド娘と再開した。ワイド娘はくじらよりずっと若いが、すでに島の母ちゃん的雰囲気たっぷり。ほぼ同じ月齢の息子くんは、がっしりとした島の男。すでに両足で立っていて、つかまり立ちもできないく

じらの娘は、徳之島男子の貫禄にびびっていた。

キューガメーラ！

初めて徳之島《とくのしま》に行った時、くじらは丸野清《まるのきよし》さんという島人に出会った。徳之島観光連盟で事務局長をされている丸野さんは、徳之島は伊仙町《いせんちょう》出身。ワイルドなコンテンツが盛りだくさんの徳之島だけに、多少のインパクトは覚悟していたが、丸野さんはとびぬけていた。

「キューガメーラ！」

出会いがしらの挨拶は、徳之島の方言で「こんにちは」。マイカーで徳之島をぐるりと案内してくださった丸野さんは、出会いからさよならまでの間、古舘伊知郎《ふるたちいちろう》さながらの軽快なマシンガントークで徳之島のあれこれを紹介してくれた。

奄美大島《あまみおおしま》の「ＡＳＩＶＩ《アシビ》」で公務員ミュージシャンのレベルの高さにも感動したが、丸野さんも徳之島で有名なオヤジバンド「まぶらい」のひとり。そのレベルはＮＨＫが主催するオヤジバンドのコンテストで日本一になったほど。折紙付きである。

丸野さんの口から、バンドの活動や、島で栽培しているサトウキビやじゃがいもの話、じゃ

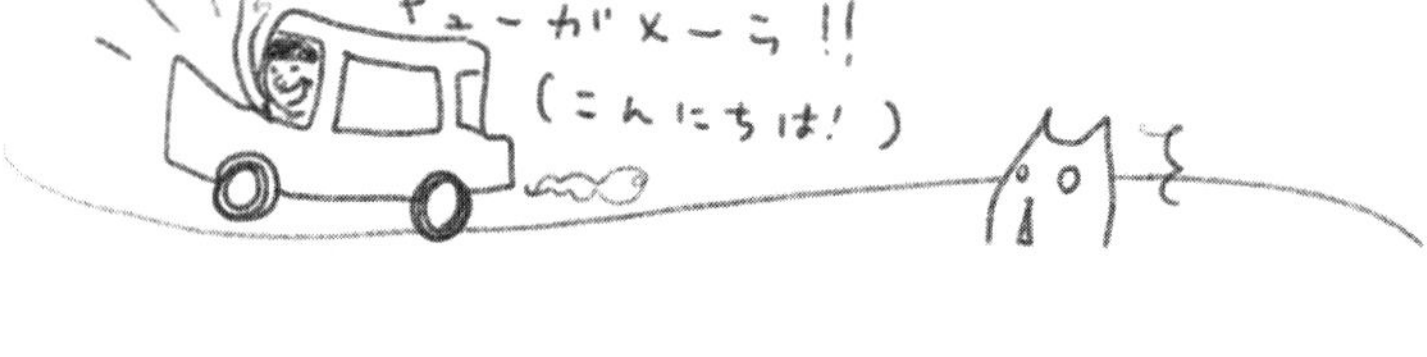

がいもの歌をつくるんだという話、丸野さんが開いている「指笛教室」を目当てに奄美大島《あまみおおしま》から習いに来る人がいるという話、闘牛の話、島の景勝地の話などがぺらぺらぺらと流れ出し、途中で知り合いの島人に出会うと、車を止めて窓越しに、

「○▲×□◆△〜?!」

と、くじらには一文字も聞き取れない地元方言で会話を交わし、

「それでね〜」

と、公用語に戻ってまた、ぺらぺらぺらぺらと少し早口ながら、とても聞き取りやすい調子で、徳之島について語り続けてくれた。あまりの軽快さに感動していたら、なんと「実況」も仕事にしているらしい。

「ぼくはね、青年団とか青年部とかは入ってないけど、司会の仕事もしているんです。CDのプロデュース、司会。なんでもやるわけ」

司会の仕事といえば、結婚式を思い浮かべるが、丸野さんの場合は徳之島で毎年開催されているトライアスロン大会で、10時間以上の連続実況中継を担当していて、有名な宮古島《みやこじま》トライアスロンの実況も20数回担当しているとのこと。完全なプロだった。

徳之島は日本の島のなかでも大きな島なので、人口もそれなりに多い。しかし、やはり島だから、島の人々は生業のほかにも、地域の奉仕作業に、行事やイベントの手伝いにと、

忙しそうで、それをパワフルにやりこなせる人は、島の人々からの人望も厚い。

「ぼくの自慢はね、徳之島に50くらいある集落のどこでもお茶が飲めること。徳之島は2万6000人いるけど、2万人くらいは知っているかもしれないっていうのが自慢なんです」

そういってにこにこ笑う丸野さん。徳之島の古館伊知郎は、徳之島の情熱をフルパワーで伝えてくれる人だった。

やどぅり
大島郡伊仙町犬田伏1289
0997-86-9341（ましゅ屋）

ワイルドグルメ

ここまで読み進めていただいて、徳之島《とくのしま》が他の島よりもワイルドであることを理解いただけたかと思うが、ワイルドなのは闘牛や人だけでなく、徳之島の味もワイルドさを感じることができる。

伊仙町《いせんちょう》には藁葺き屋根の小さな建物で、徳之島の伝統的な島料理を味わえるお店がある。「やどぅり」というそのお店は完全予約制で、予約が入ったときだけ島の方々が料理でもてなしてくれる。

『奄美群島時々新聞《あまみぐんとうときどきしんぶん》』の取材で「やどぅり」におじゃましたくじらとくっかるは、テーブルいっぱいに大きなバナナの葉っぱが敷かれ、そのうえに島料理が並べられるというワイルドな光景に感動した。カラフルな花と、島の野菜、アオサのてんぷら、豚足の煮物、じゃがいもの煮物、バナナの葉にくるまれたおにぎりなどが盛りだくさん。もしかすると今のようにお皿がなかった時代は、こんな風に葉っぱをお皿にして食事をしていたのかもしれないが、葉っぱのお皿は洗わなくていいうえ、すぐに自然に還るエコアイテムである。旅行者にとって「南の島っぽい！」と感じさせてくれるのも嬉しかった。

同じく伊仙町で農家民泊をした時には、じゃがいもの煮物が登場したのだが、ここでく

じらはあることに気づく。

「じゃがいもが大きくないか？」

大きいのはじゃがいもそのものではなく、じゃがいもの「切り方」である。料理本にのっている肉じゃがのレシピには、じゃがいもの切り方を「一口大」と表現していることが多いが、徳之島の煮物に入っているじゃがいもは三口分くらいある。じゃがいもを二等分して、それを二等分にして……とやるところ、包丁でスパンと二等分！　以上！　なサイズだったのだ。

いや、しかし、たまたま大きかっただけかもしれないと、徳之島出身のワイド娘に聞いてみると、「そういわれるとそうですね」

と、はじめて気がついた様子。当たり前すぎて気づかない部類の個性なのだろうか。

徳之島の北側には「ムシロ瀬《ぜ》」と呼ばれる景勝地があって、そこには不思議な模様の岩がずーっと続いている。岩の上に立ってみると、恐竜の住む島に降り立ってしまったかのように人間がちっぽけに感じる。「犬の門蓋《いんのじょうふた》」と呼ばれる景勝地には、火曜サスペンス劇場で殺人犯が最後に追い込まれそうな、フォトジェニックかつ落ちたらひとたまりもない崖っぷちがあり、「犬田布岬《いぬたぶみさき》」という景勝地からは、だだっ広い野原に巨大な碑がそびえ、そこでもやはり人間がちっぽけに見える。

そうか、これだけダイナミックな景色を見慣れていると、じゃがいもだってダイナミックに切

メガネ岩とも
呼ばれています
犬門蓋
とかいて
いんのじょうふた
と読みます

りたくなるのか！　と、くじらは考え、納得した。

ちなみにそんなに大きなじゃがいもだが、火はバッチリ通っていて、ほくほく美味しかった。

これを肴にするなら、酒はやっぱり黒糖焼酎である。

5つの蔵で醸す「奄美」

徳之島《とくのしま》は、1つの島が3つの町に分かれている。日本には「平成の大合併」という言葉があるくらい、市町村合併の話題に事欠かないけれど、徳之島では嘘かまことか、この3町は「なにがあっても合併しない」と言われているらしい。

しかしである。この島には町は合併しなくても、3町に散らばる5つの酒蔵が造る原酒をブレンドして1つの銘柄として世に出る黒糖焼酎があるという。そのお酒は「奄美《あまみ》」。香りには闘牛さながらの強いインパクトがあり、味わいには黒糖の甘みや旨みや苦味が、複雑に溶け込んだ濃さがある。

それにしても、どうやってブレンドしているのだろう。頭にハテナを浮かべたまま、くじらは奄美酒類《あまみしゅるい》を訪れた。奄美酒類は徳之島の東側、徳之島町《とくのしまちょう》の街中から少し山手に入ったところにある。蔵の2階にあがると、奄美酒類の代表である、乾眞一郎《いぬいしんいちろう》さんが迎え入れてくれた。

「なんでも聞いてくださいね」

と、にこやかに話す乾さんは、安定感のある背格好で、とても温和な雰囲気。だからか、くじらは心の中で、乾さんにクマのプーさんのイメージを重ねていた。

黒奄美

黒麹仕込、3年以上貯蔵。
まろやかな甘みとキレのある後味。25度。

奄美

口当たりはすっきり、甘い香りとコク。
25度、30度がある。

プーさんだなんて失礼な！　と思われるかもしれないので、言い訳をすると、プーさんといえば、美味しいはちみつがたっぷり入った壺を携えているクマさんである。だからつまり、乾さんが携えている酒瓶にも「きっと美味しいお酒が入っている」と思ったのだ。

そんな乾さんは、徳之島の酒造5社で共同の銘柄を造る共同瓶詰会社「奄美酒類」の代表をしながら、5社の1つである、天川酒造《あまかわしゅぞう》の3代目も務めている。なんでも聞いてくださいねといってくれたので、やはりまずは「ブレンド」の謎に迫った。

「今から50年前、ちっちゃな蔵がそれぞれ酒造りをやっていたらつぶれてしまうから、みんなで一緒にやりなさいという国の指導があったんです。当時、徳之島には酒蔵が6社あって、それぞれが島内をトラックでまわって、お酒を売っていたんです」

1つの島に6社もあれば当然、価格競争も起きるだろう。でも、それだけの理由で各社が一体になれるだろうか。

「昭和39年（1964）年に施行された『中小企業近代化促進法』で本格焼酎製造業は指定業種となり、家族経営の小さな蔵は、協業化するか廃業するかをせまられる事態になってしまったんです」

と、くっかるが補足する。なるほど、時代の流れから廃業の危機に立たされた6社は、酒造りをあきらめないために話し合いのテーブルにつき、各社の社長が役員に就任する形で、

奄美酒類が誕生したというわけだ。

「奄美群島《あまみぐんとう》で共同瓶詰会社になったのは、うち（奄美酒類）が第1号なんです」

同じように小さな酒蔵が何社か集まって、原酒をブレンドし、統一銘柄を出すケースは焼酎大国の鹿児島県でも4社しかなく、そのうちの2社が奄美群島にある（もう1社は沖永良部島《おきのえらぶじま》の沖永良部酒造《おきえらぶしゅぞう》）。それにしても、町の合併がありえないと言われる徳之島で、よく話がまとまったものだ。

「そうなんですよ。よく集まったもんだなぁ」

と乾さんも笑う。共同瓶詰会社の立ち上げには、きっと一筋縄でいかないこともあっただろう。しかし、争っているうちに酒蔵自体が、ばたばたとつぶれていくのは最も避けるべきこと。50年前に各蔵の社長が英断を下したことで、私は今、この「奄美」を呑むことができるのだ。

共同瓶詰体制となった経緯は理解したが、同じ島で造られている酒とはいえ、蔵に住みつく菌も違えば、原料や製法にも微妙に違いがあり、同じように原酒を造っても、それぞれ個性はあるだろう。それを統一銘柄の味に調整するのは、1社でひとつの銘柄を造るよりも難しくないだろうか。そういえば、奄美酒類を訪ねる前に、くっかるがこんなことを言っていた。

「実をいうと、よく知らない頃は、原酒をブレンドすることに良い印象を持っていなかったんです。それが、奄美酒類や沖永良部酒造の酒造りを見せていただき、ブレンダーさんたちに

奄美徳之島の闘牛

闘牛を象った陶製容器入りの「奄美」。お土産に人気。

話を伺って目から鱗が落ちました。その都度コンディションの異なる原酒をブレンドして銘柄ごとの味に仕上げるのは、経験と技術が必要な仕事で、異なる原酒をブレンドすることで香りや味わいに深みを出すこともできるんだと知ったんです」

確かに「奄美」には複雑な味わいがある。それは個性の違う5つの原酒がうまくブレンドされているからこその味わいだった。

共同瓶詰で全国へ！

徳之島《とくのしま》の5蔵が参加する奄美酒類《あまみしゅるい》では蔵の規模に大小はあっても、納入する原酒の量は等しく同じ量を納めているという。

「うちは共同瓶詰にしたときに、量を同じにしたんです」

共同瓶詰のメリットには、ブレンドによって複雑な旨味のあるお酒に仕上げることができるということがあるが、もうひとつ、お酒を全国に販売していく際、宣伝はもちろん、酒販店への営業や飲食店まわりを合同でやることで効率的に販路を開拓できることも大きい。

実際、奄美酒類では設立当初から、奄美群島《あまみぐんとう》だけで造られている黒糖焼酎を、島外に

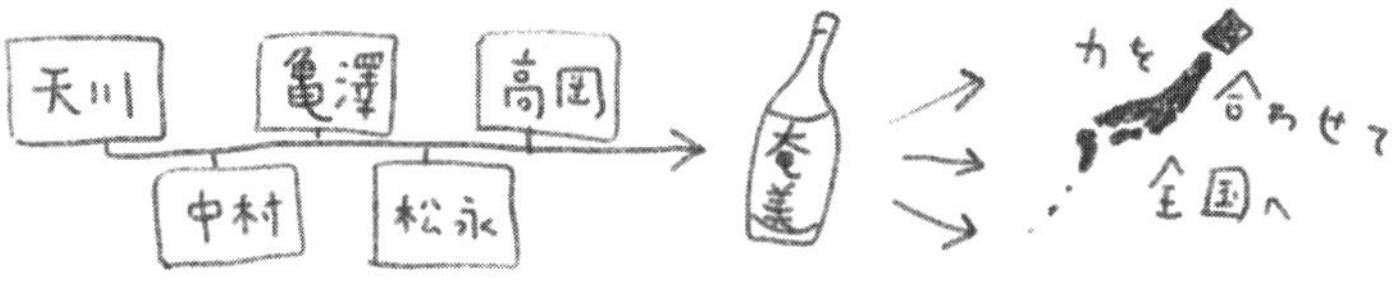

販売していくことが大きな目標とされていた。

「うち（奄美酒類）では、まだ焼酎が県外に出回ってなかった昭和40年代に、島外出荷に重きを置くことを考えて、関西に事業所をかまえ、統一ブランドも『奄美《あまみ》』にしたんです」

という乾さんの言葉に続いて、くっかるもいう。

「奄美酒類の設立を初めに呼びかけたのは、島外への販売促進に意欲的に取り組んでいた松永酒造場《まつながしゅぞうじょう》の初代・松永清《まつながきよし》氏でした。松永酒造場の銘柄『あまみ』は『奄美』として引き継がれ、同社による島外販売の取り組みが、その後の奄美酒類の営業活動にもつながったといいます」

黒糖焼酎に限らず焼酎全般が全国区ではなかった時代、島外に黒糖焼酎の味を届けることに狙いを定めていたとしたら、徳之島の造り手たちは、なかなかの開拓者精神の持ち主である。

しかし、ここは徳之島。なぜ「奄美」なんだろう。

その理由はわかりやすいもので、「当時は、徳之島よりも知名度があったから」らしい。

「松永酒造場が島外への焼酎販売に乗り出したのは昭和30年代のこと。その頃本土で販売していたようすを撮った売り場の写真を見ると『徳之島』や『黒糖焼酎』の文字はどこにもありませんでした」

しかし、当時は「奄美」もメジャーではなかった。

奄美5年古酒
専用タンクで5年以上貯蔵。濃縮された芳醇な香り。40度。

ブラック奄美（樽貯蔵）
3年以上貯蔵。米と黒糖に樫樽の香りが調和。40度。

「だから、沖縄を連想させる『奄美泡盛』として売り出していたようなんです。その頃は奄美の知名度も低く、離島地域出身者への蔑視などもあったそうで、首都圏での商売には大変苦労したといいます」

そう聞いて、くじらはあることを思い出した。東京で奄美群島出身者に話をうかがったとき、少し前の時代までは、出身地を聞かれて「鹿児島」と答えていたという。当時は島名を行っても「どこ?」と言われてしまい、見下されたように感じていたそうだ。

そんな時代から、さらにさかのぼった昭和30年代に、奄美の名を冠した黒糖焼酎を、全国に売り込みはじめた徳之島の造り手たち。その甲斐あって、焼酎ブームの時には、年間生産量が1万石（約180万リットル）を超え、島外への流通量も伸ばした。

黒糖焼酎はいまが呑みどき

黒糖焼酎の各蔵では、一昔前のブーム時に比べたら、酒の動きがのんびりになっていると聞くことが多い。奄美酒類《あまみしゅるい》も例外でなく、「奄美《あまみ》」の生産量もブーム時に比べると減っているらしい。さらに、乾《いぬい》さんに聞くと、あまり喜ばしくない現象だが、島内での消費量も少し

ずつ減っているという。

「島内行事が少なくなってきているからだと思うんです。昔は島の結婚式でも200〜300人が出席するのがザラだったけど、今はほとんどない。『年の祝い（13歳、25歳、37歳、49歳、61歳、73歳、85歳、97歳の人を、その人の干支の日にお祝いする風習）』でも、祝われる本人が鹿児島本土にいたり、子どもが島外にいたりで、島で集まる機会が減っているから、お酒が飲まれる機会が少なくなっているんです」

闘牛のように強固に島人をつなぐコンテンツがある徳之島《とくのしま》でも、少子高齢化や人口流出の流れはある。島に暮らす人が減れば、当然、飲まれる酒の量も減るわけだが、だからといって、ひとりの島酒ファンとしては、島の文化である黒糖焼酎のパワーが弱まってしまうのは、とっても悲しい。

「だから、島外にも一生懸命、売っていきたいんです」

そう語る乾さんの言葉を、くじらとくっかるは、しかと受け止める。我々、島外の呑んべえにできることは、酒を飲むことである！　と。さらに、そんな我々の耳に、乾さんから耳寄りな情報が届く。

「実は、以前よりお酒が動かないことで、最近は味がよくなったと言われることもあるんです」

なんと。動かないことが、焼酎の長期熟成を促しているということか。そこでくじらは

奄美煌の島
すっきりした味で、地元、徳之島の人気商品。25度。

奄美エイジング（樽貯蔵）
3年以上の樫樽貯蔵酒を割り水し、柔らかな味わい。25度。

確信した。黒糖焼酎は、今が呑みどきである。

●くっかるの酒蔵案内・奄美酒類&共同瓶詰5蔵

共同瓶詰会社・奄美酒類（あまみしゅるい）

奄美酒類は、昭和40（1965）年に創業された奄美群島初の共同瓶詰会社です。当時徳之島島で操業していた、松永酒造場（代表銘柄「まる鹿」）、亀澤酒造場（同「まる一」）、天川酒造（同「天川」）、高岡醸造（同「万代」）、中村酒造（同「富久盛」）、芳倉酒造（同「まる芳」）の全6社が集まり、昭和40（1965）年に設立されました（その後、1社が脱退）。

松永、亀澤、天川、高岡、中村の5社が造る原酒を集め、ブレンドして製品化しており、各社の取り決めで、5社が同じ量ずつ原酒を納めて製品化し、代表は各社持ち回りで就任することになっています。

大まかな製法は統一されていて、原料の黒糖と米は概ね1・8対1の比率で用いられ、蒸留は各蔵とも常圧蒸留です。各蔵で製造された原酒は、タンクローリーで奄美酒類の工場に運ばれ、余分な油脂分を取り除く冷却ろ過を施されたのちにブレンドされ、甕（かめ）やタンク・樽（たる）に貯蔵されます。

貯蔵熟成中に原酒の表面に浮いてくる油脂は丁寧に取り除かれ、透明で雑味のない原酒に仕上げられます。所定の貯蔵期間を経た原酒は、銘柄ごとにブレンドされ、割水の上、瓶詰めして製品化されます。大

奄美酒類株式会社（見学不可）
大島郡徳之島町亀津1194
0997-82-0254
http://www.amamishurui.co.jp/

奄美情熱
甕入りの5年貯蔵酒。
貯蔵熟成の変化も楽しめる。
35度。

まかなレシピは共通でも、各蔵ごとの環境や設備の違いから、原酒の風味は微妙に異なり、ブレンドすることで風味に奥行きが生まれます。

因みに、徳之島空港から出発して、中村酒造から天川酒造まで、西回りに共同瓶詰の5蔵と奄美酒類をめぐると、徳之島をぐるりと1周することができるんですよ。

酒蔵その①・中村酒造（なかむらしゅぞう）

中村酒造は、徳之島西側の天城町（あまぎちょう）・平土野（へどの）にあります。初代の中村資盛（なかむら・すけもり）氏は、旧東天城村・花徳（けどく）の地主だった蔀（しとみ）家の生まれで、分家して中村と改姓。奄美群島がまだアメリカ軍政下にあった昭和22（1947）年に沖縄から杜氏（とうじ）を招き、小作地だった平土野の現在地に泡盛の酒造場として創業しました。

創業時の銘柄「富久盛（ふくざかり）」は、村役場の課長さんが審査員長になり、村内から公募したもの。応募者の名前から「久」、資盛から「盛」の一文字ずつをとって名付けられました。米はもちろん食料全般が不足していた時代のことで、黒糖をはじめ、サツマイモなど、手に入るものを何でもやりくりして焼酎を造っていたといいます。奄美酒類の設立に伴い、「富久盛」をはじめ各社の銘柄は廃止となりましたが、蔵の事務所には、かつて徳之島の各蔵が造っていた代表銘柄と共同瓶詰銘柄「奄美（あまみ）」のラベルが額に入れられ、誇らし気に飾られています。

奄美ときめきの島
1年以上樫樽で熟成させた原酒をブレンド。25度。

奄美瑠璃色の空
黒麹仕込み、3〜4年熟成。柔らかく、ふくよかな味わい。

現在、蔵を切り盛りするのは、三代目の中村功（なかむら・いさお）社長。功社長は東京の酒販卸での修業を経て帰郷し、平成13（2001）年に蔵入りしました。杜氏を務めるのは、弟の裕（ゆたか）さん。焼酎造り50年のベテラン杜氏だった叔父について5年間修業し、平成15（2003）年に杜氏を引き継ぎました。

奄美群島では、10月の末頃から冷たい北風が吹き始め、雨や曇りの日が増えて気温が下がり、雑菌を嫌う焼酎造りに適した条件になってきます。蔵では毎年11月頃から造りを始め、翌1月頃から香りの良い黒糖の新糖が出始め、2月から4月にかけて、1日に2回蒸留を行う製造のピークを迎えます。早朝7時から夕方までの作業が休日返上で続く繁忙期も、家族一丸となって造りに取り組んでいます。

原料の黒糖と米の比率は、約1・7対1。麹（こうじ）はタイ米に白麹造りで、一次仕込みには腐食しにくく外気温の影響を受けにくいFRP（繊維強化プラスチック）タンクを使用しています。二次仕込み以降はステンレスタンクを使用し、黒糖は量が多いため2回に分けて加えています。

造りで最も気を使うのは、もろみの温度管理だと造り手は語ります。もろみの発酵の良しあしが蒸留時に得られるアルコールの量を左右するからです。もろみの温度が上がり過ぎれば水冷のクーラーで温度を下げ、外気温が低い日は、もろみの温度が下がり過ぎないよう、仕込みタンクにウレタンを巻いて保温します。もろみが発酵で温まってきたら、2枚巻いたウレタンを1枚外したりと、きめ細やかに面倒をみています。

蒸留は、常圧蒸留。太くて高いネックを持つ蒸留機は、アルコール度数の高い原酒が取れるのが特長です。蒸気が強すぎたり温度が高すぎると雑味が強くなってしまうため、蒸留の際も温度管理に気をつけているそうです。

奄美の匠
白麹／黒麹仕込みの原酒を絶妙なバランスでブレンド。25度。

中村酒造株式会社（見学可・要予約）
大島郡天城町平土野43-12
0997-85-2016

酒蔵その②・松永酒造場（まつながしゅぞうじょう）

松永酒造場は、徳之島南部の伊仙町・阿三（あさん）の県道沿いにあり、入口にずらりと並んだ甕（かめ）が目印です。この甕は、かつて蔵で仕込みに使用されていたものだそうです。

創業は昭和27（1952）年。奄美群島の日本復帰を見越した初代の松永清（まつなが・きよし）氏が、港町だった伊仙町・鹿浦（しかうら）に酒造場を開き、代表銘柄を地名に因み「まる鹿」と名付けました。清氏が経営を、妻のタケ子氏が杜氏（とうじ）を担う、夫婦二人三脚の商いでした。

黒糖焼酎の島外販売に意欲的だった清氏は、創業6年後の昭和33（1958）年に株式会社奄美商店を設立。長女の玲子（れいこ）夫妻を上京させ、奄美群島の蔵としては初の東京事務所を開き、掘っ立て小屋のような木造事務所を拠点に黒糖焼酎「あまみ」の販売をはじめました。

当時、黒糖焼酎の需要が各蔵の近辺に限られていたなかで、首都での販売に打って出た奄美商店の事業は、かなり時代の先を行く試みでした。その原動力となったのは、「内地で働く奄美出身者に島の焼酎（セエ）を届けたい」との清氏の思いと、それを支えた家族の力だったといいます。

東京に事務所を開いて数年後、杜氏のタケ子氏が急逝。急遽帰島した玲子氏は、タケ子氏の代理で蔵に来ていた沖縄杜氏のやり方を見て「これではだめだ、私が造る」と杜氏を追い返し、自ら焼酎を造り始めました。

その後、清氏が島内の酒造各社に働きかけ、昭和40（1955）年に共同瓶詰会社の奄美酒類を設立し、島内の蔵が一丸となって島の内外へ販売を行う体制をつくりました。松永酒造場の銘柄『あまみ』は『奄美』として引き継がれ、二代目夫妻による島外販売の努力は、奄美酒類の営業活動へ道を拓くこととなりました。

奄美の隠し酒

8年甕貯蔵の古酒。年間生産数約1300本の限定品。37度。

奄美フロスティ

甘い香りと力強いコク、口当たりはすっきり。25度。

創業地の鹿浦は、卸問屋や倉庫、宿などが立ち並び、人と商品が行き交う港町でした。港で働く男たちが、仕事上がりに一日の疲れを癒す酒を求めて蔵を訪れたといい、のちに120歳で長寿世界一を記録する泉重千代氏も、鹿浦港で仲士（なかし）という荷揚げ人として働いていた一人だったそうです。

船による流通の要所として栄えていた鹿浦でしたが、昭和50（1975）年10月におきた豪雨災害で、壊滅的な打撃を受けます。10月15日から16日にかけて豪雨が続き、鹿浦川上流で倒木により川がせき止められて決壊。夜半、町を鉄砲水が襲いました。激しい水流は道をえぐり、多くの家屋が倒壊。港が破壊され、河口付近にあった松永の蔵も、酒造道具ごと流されてしまいました。

この水害をきっかけに多くの人が高台へ移転し、鹿浦の町からは櫛が抜けたように人の姿が消えていったといいます。微生物を相手にする酒造りにとって、大きく環境を変えることになる蔵の移転は、リスクの伴う決断です。玲子氏は移転に反対し、鹿浦に残って蔵と地域の復興に努めましたが、水害より8年後の昭和58（1983）年に、高台の現在地へ蔵を移転することとなりました。

現杜氏の松永晶子（まつなが・しょうこ）さんは、東京農業大学醸造学科で酒造りを学びました。鹿浦の水害当時は小学生だったということで、雨の降る闇夜のなかを避難した記憶があるそうです。

「杜氏」の語源は、一家の事を切り盛りする主婦のことを示した「刀自」（とじ）からきているという説があり、「刀自」は酒造りを始め家事全般を司る女人を指しました。その名残を、奄美の方言で妻を表す「トゥジ」という言葉にみることができます。初代杜氏のタケ子氏にはじまり、二代目の玲子氏、三代目の晶子氏と、代々その家の女子が杜氏となり蔵を守る姿は、日本の酒造りの原点に近い在り方だといえます。

有限会社松永酒造場（見学可・要予約）
大島郡伊仙町大字阿三1283-1
0997-86-2070

奄美長寿の酒
長寿の島に因む壺入りの「奄美」。お土産や贈答に。

蔵その③・高岡醸造（たかおかじょうぞう）

徳之島町・亀津（かめつ）の商店街の一角にある高岡醸造には、量り売りをしていた頃の「まちの酒造所」といった趣があります。同じ亀津にある鹿児島県立徳之島高校は、同校の前身となった町立亀津青年学校が創立された昭和12（1937）年に、高岡醸造初代の高岡徳浜（たかおか・とくはま）氏が用地を提供したという、ゆかりがある学校です。

創業時の銘柄「万代（まんだい）」には、「高岡のお酒を飲む人たちの健康と幸せが長く続くようにとの願いが込められていました。奄美酒類での共同瓶詰体制に変わった今も、出荷用の段ボール箱には「万代」と記されており、創業時の精神が変わらず受け継がれていることを示しているかのようです。「万代」の精神を受け継いだ、二代目の高岡善吉（たかおか・ぜんきち）氏は、徳之島町長を務め、奄美酒類の設立にも尽力した功労者です。三代目で現代表の高岡秀規（たかおか・ひでき）さんも、現役の徳之島町長を務めています。

蔵では奄美酒類に原酒を納めるほか、自社銘柄としてラム酒も造っています。ラム酒を開発したのは、二代目の善吉氏。奄美黒糖焼酎のルーツとなった黒糖酒に着目した善吉氏は、昭和51（1976）年からサトウキビの絞り汁で蒸留酒の試作に取り組み、3年間の試行錯誤の末、パパイヤから培養した天然酵母と黒糖を原料にラム酒の製法を確立。昭和54（1979）年に日本初のゴールドラム「RURIKAKESU RUM」を発売しました。

黒糖焼酎を造る際の黒糖と米の比は、約1.7対1。麹（こうじ）はタイ米に白麹造り、黒糖は沖縄

「RURIKAKESU RUM」のお湯割りに
黒糖のかけらと1/8カットしたレモンを
沈めたHOTカクテルは風邪のひきはじめにも

産を主にインドネシア・タイ・ベトナム産などを使用しています。仕込み水は井之川岳水系の硬水。豊富なミネラルが発酵を助けてくれます。

仕込みでは、ステンレスタンクに仕込んだ一次もろみに蒸気で溶かした黒糖を2回に分けて投入します。蒸留は常圧蒸留。蒸留直後の原酒は油脂分が多く、白濁しています。貯蔵タンクで半年以上熟成させながら、浮いてくる油脂分を丁寧にとり除くことを繰り返し、芳醇な風味を残しつつ、タンクの底が見えるほど澄んだ、雑味のない原酒に仕上げていきます。

自社銘柄のラム酒は、希少な国産ラム酒として島内外で人気があります。ゴールドラム「RURIKAKESU RUM（ルリカケス ラム）」「徳州（とくしゅう）」「小夜曲（セレナーデ）」、ホワイトラム「神酒（おみき）」があり、奄美群島内でもなかなか手に入りにくいレアなお酒です。

高岡醸造のラム酒が放つ芳醇な甘い香りの秘密は、徳之島産のパパイアから自社培養する天然酵母にありそうです。インドネシア産黒糖に酵母を加えて仕込んだもろみを常圧蒸留後、ステンレスタンクに原酒を貯蔵し、約半年後に再度原酒を蒸留して度数を50度～60度に高め、樫樽（かしだる）に貯蔵して仕上げています。「RURIKAKESU RUM」「神酒」のラベルには、瑠璃色の羽根が美しいルリカケスの絵があしらわれています。ルリカケスは徳之島と奄美大島でしか見られない鳥で、国の天然記念物に指定されています。

高岡醸造株式会社（見学可・要予約）
大島郡徳之島町亀津982-1
0997-83-0014

酒蔵その④・亀澤酒造場（かめざわしゅぞうじょう）

大正10（1921）年から続く亀澤酒造場は、徳之島で最も老舗の蔵です。初代・亀澤道喜（かめざわ・どうき）氏が沖縄から杜氏（とうじ）を招き、旧亀津村・亀津（かめつ）に創業しました。

道喜氏は、旧亀津村長や旧亀津町長を歴任し、徳之島町の名誉町民第1号となった地元の名士でした。創業時の銘柄「まる一」は、黒麹を使った甕仕込みの焼酎で、量り売りやお手頃な二合瓶もあり、晩酌や冠婚葬祭などの場に欠かせない地酒として、地元亀津で愛飲されていたそうです。

創業時の蔵は、亀津の海岸付近に建つ茅葺き屋根の木造小屋でした。薪で火を焚いて米蒸しや蒸留をしていると、吹き込む風で火の粉が飛んでボヤ騒ぎを起こすことも度々だったといいます。木造家屋が密集する町なかでは心配が絶えなかったため、昭和の始め頃に、良質な地下水に恵まれた現在地へ移転しました。その後、奄美酒類での共同瓶詰体制となり、今に至ります。

現代表は、三代目の亀澤秀人（かめざわ・ひでひと）さん。天井が高く体育館のような蔵には、いつも音楽が流れています。これは秀人さんの趣味で、音楽があるとリラックスして作業がはかどるとのこと。はじめはラジオの沖縄放送を流していましたが、ラジオが壊れてからは有線放送を蔵に入れたというほど、音楽は欠かせません。BGMの流れるなか、蔵で働く造り手さんたちも和気あいあいとした雰囲気です。

焼酎造りに使用する黒糖と米の比は、約1・8対1。タイ米を使用し、麹（こうじ）は銘柄により黒麹と白麹を使い分けています。黒糖は沖縄産を主に使用しています。仕込み水は蔵の地下から汲み上げる

有限会社亀澤酒造場（見学不可）
大島郡徳之島町亀津849-1
0997-83-0028

奄美祝酒
「奄美」の金箔入りボトル。
お目出度い時の進物に最適。

硬水で、豊富に含まれるミネラル分を栄養に、もろみがよく発酵するそうです。

仕込みは、一次仕込みはＦＲＰタンクに米麹を仕込み、二次仕込みと三次仕込みは、背丈ほどもある大きなＦＲＰタンクに一次もろみを移し、黒糖を2回に分けて加えていきます。中村酒造や天川酒造も採用するＦＲＰ製の仕込みタンクは、島内では亀澤酒造所がはじめて導入しました。焼酎蔵でよく使われるホーロー製やステンレス製のタンクに比べて腐食しにくく、麹を仕込む際の急な温度低下を防ぎ、もろみの保温性に優れているのが特長です。

蒸留は、常圧蒸留。原酒は23キロリットル入る巨大なステンレス製タンクに1年以上貯蔵されます。原酒を寝かせながら、徐々に浮いてくる油分を丁寧にとり除き、雑味のない原酒に仕上げていきます。

秀人さんは、お名前の「亀」に因みウミガメウォッチングも楽しむそうで、出張などで飛行機に乗る際は、窓から島の沿岸を見下ろしてウミガメを探すのだと教えてくれました。私も挑戦してみましたが、離着陸の際にリーフに目をこらすと、結構な確率でウミガメを見つけることができます。

酒蔵その⑤・天川酒造（あまかわしゅぞう）

徳之島の北東に位置する徳之島町・花徳（けどく）には、その名も「天川酒造」というバス停があり、そのバス停の並びにあるサトウキビ畑の一角には、「乾純之助氏の碑」があります。この乾純之助（いぬい・じゅんのすけ）氏は、昭和22（１９４７）年に天川酒造を興した創業者で、酒造の傍らサトウ

奄美神之嶺

22年大古酒をベースに
樫樽5年貯蔵酒をブレンド。38度。

徳三宝

黒麹仕込み、3年以上貯蔵。
鹿児島県限定販売。25度。

キビの優良品種を徳之島に導入し、その普及に尽力した功労者でもあるのです。

台湾や沖縄の八重山諸島で製糖業に携わった純之助氏は、太平洋戦争の敗戦後アメリカ軍政下となった徳之島へ戻り、地元の花徳で天川酒造を創業しました。創業時の銘柄は、南島の夜空に美しく輝く天の川に因み「天川（あまかわ）」と名付けられました。

天川酒造を創業して10年後、奄美群島の日本復帰から4年後にあたる昭和32（1957）年、純之助氏は台風に強いサトウキビ「NCO310号」の種苗を当時の流球農事試験場より譲り受けました。純之助氏は、その苗をもとに自前の畑で苗を増やして農家への無償配布を5年間続け、原野を開墾して農地拡大に取り組みました。

サトウキビからつくられる含蜜（がんみつ）糖（黒糖）は、黒糖焼酎の生産に欠かせないものでした。そこで、氏は昭和35（1960）年に「大和製糖（だいわせいとう）」を興し、黒糖の生産にも乗り出しました。これは徳之島におけるサトウキビ生産を後押しする事業でもありました。しかし、間もなくして、白砂糖の原料となる分蜜（ぶんみつ）糖の生産を奨励する国策により、含蜜糖の島内生産は時流に沿わなくなってしまいます。わずか5年で大和製糖の事業は幕を引くこととなりました。

戦中から戦後の激動の時代に、人々の幸せのため尽力した純之助氏を称える碑は、サトウキビに囲まれて、今も蔵と集落を見守っているかのようです。

そんな純之助氏のお孫さんにあたるのが、現代表を務める三代目の乾眞一郎（いぬい・しんいちろう）さんです。酒蔵を継ぐ前はミュージシャンをしていた二代目の乾辰朗（いぬい・たつろう）氏の職業柄、生まれ育ちは東京だった眞一郎さんは、東京農業大学醸造学科で醗酵学の権威である小泉武夫（こい

天川酒造株式会社（11月〜5月のみ見学可・予約不要）
※期間外はお問い合わせください
大島郡徳之島町花徳789
0997-84-1221

奄美益々繁盛
「奄美」の2升（益々）半（繁盛）入りボトル、開店祝いなどに。

ずみ・たけお）氏に師事し、20代は酒類の問屋や奄美酒類東京出張所で営業の腕を磨き、30代で蔵を継ぎました。

焼酎造りに使用する黒糖と米の比は、約1・8対1。仕込み水に使うのは井之川岳水系の硬水で、豊富なミネラル分が発酵を助けてくれます。麹（こうじ）はタイ米に白麹造り。黒糖は沖縄産をメインに、不足する分をボリビア産など外国糖で補うこともあります。

仕込みタンクは中村酒造や亀澤酒造場と同じFRP製で、一次仕込みした同じタンクに黒糖を加えていく「スッポン仕込み」。黒糖は、2回に分けて仕込みます。

蒸留は常圧蒸留。原酒はホーロー製の貯蔵タンクで約3ヶ月間貯蔵され、貯蔵中は10日に1回程度タンクにのぼって原酒の表面に浮いてくる油脂分を取り除きます。タンク上部の穴は小さく蔵の中は暗いため、電球で光をあてながら団扇で扇いで油脂分を手元に集め、布フィルターをかけた網ですくい取る工夫をしています。

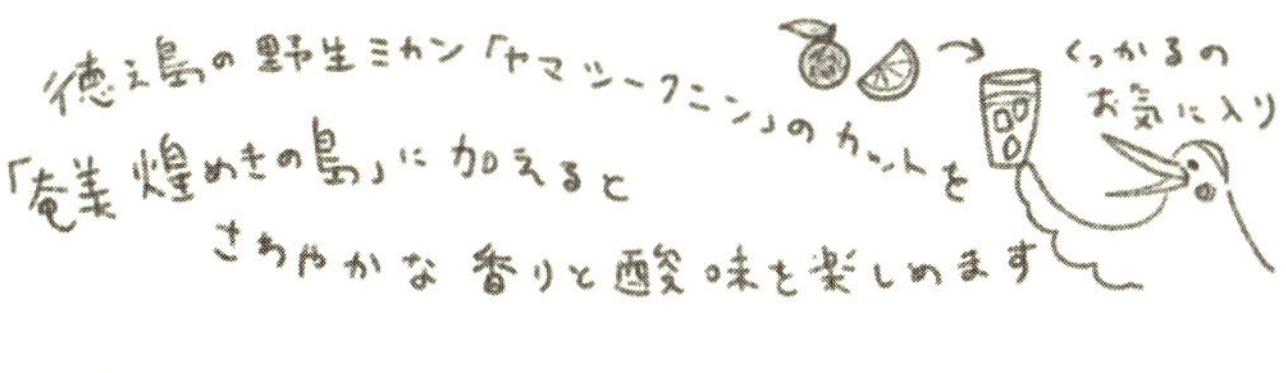

スマートな「島のナポレオン」

ナポレオンといえば、地中海はコルシカ島出身のフランス皇帝。島に生まれながら、革命期のヨーロッパで活躍した英雄は、たいそうな豪腕者だったと伝えられている。だから「島のナポレオン」と聞いてさぞや豪な味なのだろうとくじらは思った、しかもここは闘牛が盛んな徳之島《とくのしま》ときている、ならばかなりのツワモノに違いない。

しかし、である。その名の黒糖焼酎を香ってみると、意外にもクセがない。ナポレオンはもちろん男性ではあるが、控えめなフローラル香をまとう御仁は、シンプルでとっつきやすく、さわやかである。もちろん、黒糖の香りや甘さはあるから、焼酎は苦手なの……という女性でも少し割ってみれば、あら、意外にいけるわねと、さらさらと飲めてしまう軽さがある。それでいて、じんわりと酔いがまわるから、いつのまにか良い気分になってしまうという。御仁、なかなかモテますな。な、お酒である。

徳之島一の繁華街、亀徳港《かめとくこう》のある亀津《かめつ》の町から島の中心に向かっていくと、やがて海が見えなくなり山とサトウキビ畑ばかりの景色になる。レンタカーのナビに住所を入れたはずなのに、到着するとそこには建物がなく、ここでもない、あっちでもないと右往左往しているうちに、ようやくサトウキビ畑のなかに、奄美大島《あまみおおしま》にしかわ酒造《しゅぞう》を発見。雄大な徳之島の

島のナポレオン（減圧蒸留）
白麹仕込み減圧蒸留で、すっきりした口当たり。25度。

中腹に佇む蔵におじゃました。

迎えてくれたのは「島のナポレオン」のポロシャツを着た、永喜竜介杜氏《えいきりゅうすけとうじ》。くっかるから「若手」と聞いていたものの、目の前にすると想像以上に、ずっと若くてスマートな雰囲気だ。

「永喜杜氏は、30代で奄美黒糖焼酎の造り手のなかでも若手。永喜杜氏が入社した2004年当時は、鹿児島県本土の杜氏の里・笠沙《かささ》より招いた黒瀬杜氏《くろせとうじ》が製造の責任者でした。先代杜氏のもとで修行を積むなか、造りに対する考えの違いから、衝突することもしばしばあったと聞いていますが、努力家で研究熱心な永喜杜氏の腕が次第に認められ、先代杜氏が引退するにあたり、造りを任されるようになったんです」

と、くっかる。心に浮かぶ徳之島のナポレオン像を彼に投影しながら、ひとりでふむふむと納得する。

この蔵で造られている銘柄は、「島のナポレオン」のほか「あじゃ」「あまんゆ」など。永喜杜氏曰く、生産する7〜8割がナポレオンで売れ筋は25度。総勢17人のスタッフで、蔵を動かしているという。比較的新しい蔵は体育館1個分ほどの大きさで、清潔感たっぷりだ。

蔵を見学させていただいていると、瓶詰めラインで作業をするスタッフに呼び止められた永喜杜氏が、「すいません、お待ちいただいてもいいですか?」と言って、席を外した。下世話な話だが、永喜杜氏の声はずるいくらいに穏やかで優しい。怖そうなのに優しい、弱そうなのに

強い、女子はそんなギャップに弱い生き物である。簡単に話しかけることさえはばかられるツワモノが待ち構えていると思っていた徳之島のナポレオンが紳士的だった時点で、島のナポレオンはモテそうだと、勝手に想像をふくらませながら蔵に入ると、広い建屋のなかには、タンクや蒸留器がきれいに並んでいた。

一次仕込みに使う甕《かめ》に、二次仕込み用のタンク、原酒を寝かせる貯蔵タンクに、原酒を割水して度数を調整するブレンドタンクなど。平成16年に移設したという蔵は、近代的に見えるものの、一次仕込みは甕だけで行うというこだわりがある。一次仕込みでは、ドラムで蒸した米に種麹《たねこうじ》をつけて40時間置いてつくったもろみを甕に入れ、水と酵母《こうぼ》菌を加えて酵母を増やす。それを二次仕込みタンクに移し、一回の仕込み分で900キログラムの黒糖を加えて、15日間発酵。甕やタンクのなかで発酵が進むと、麹たちが熱を出しはじめるので、温度管理システムでもろみの熱をコントロールする。そんな蔵の見所を、くっかるは「システマチックな設計」といい、キラリと目を光らせた。

「2階で米を蒸して種麹をつけて、太いパイプで1階にある三角棚に落として熟成させ、そこからベルトコンベアーで一次仕込み用の甕へと、流れるように工程が進みます。大きくて近代的な工場ながら、麹は手造りで、一次仕込みはホーローやステンレスのタンクでなく昔ながらに甕仕込みしているところが、面白いですよね」

あじゃ黒
黒麹仕込みの2〜3年貯蔵酒を甕で熟成。25度。

あじゃ
方言で「おやじ、お父さん」が銘柄の由来。さっぱりとした飲み口。

システマチックとはいえ、人間の感覚も重要である。蔵には大きな蒸留機が2つあるが、ひとつは新しく、もうひとつはかなりの年季が入っている。永喜杜氏曰く、

「古いほうは旧工場の頃から使っていた常圧蒸留機で、新しいほうは新工場になった時に入れた減圧・常圧両用の蒸留機です。同じ常圧でもできあがるお酒の味が違っていて、古いほうでは味が濃くなり、新しいほうで造るとすっきりになるんです」

とのこと。道具を見極めながら酒造りを進めているのだ。

徳之島の名水で造られる酒

「島のナポレオン」はじめ、この蔵の酒には徳之島《とくのしま》で育まれる名水が使われている。酒の大半は水で造られているわけだから、水の美味しさはそのまま酒の美味しさへとつながる。にしかわ酒造が蔵を移設した理由も、この地なら美味しい水の恵みにあずかることができるからであった。

永喜杜氏《えいきとうじ》が、蔵の裏手にある井戸を見せてくれた。地下190メートルから汲み上げているという水そのものを見ることはできないが、そこには「水神」を祀り、美味しい酒を造

りだす島の恵みに対する感謝を伝えていた。

「『島のナポレオン』は島内で飲んでくれている人が多くなっている。まだまだ認知度は低いですけど、少しずつ浸透してきているかな」と、永喜杜氏。実際島の居酒屋では、「島のナポレオン」の黄色いラベルがボトルキープされている様子を度々見かけた。すっきりしたナポレオンの味わいは、島人たちの支持をしっかりと集めている。

徳之島出身の永喜杜氏は、高校卒業後に島外に出て、島に戻って来た時に求人を見つけたことをきっかけに入社。先代杜氏の引退と同時に杜氏となった。

「先代がやっていた良い部分に、新しい技術やアイデアを取り入れていきながら、酒を造っていきたい。昔の味を守るのも大事だけど、お客さんが求めている味も大事。でも、美味しいものを造ろうという気持ちは同じです」

酒造りの世界に入ったきっかけは偶然でも、杜氏の仕事から生まれる酒は、島人の日常を彩り、島外の人に島の味を伝える重要な役を担うものである。くっかる曰く、11月〜5月頃の製造期間、永喜杜氏は蔵をまとめる製造責任者として休みなく造りに向かい、毎年造りがピークになる冬場になると、ガリガリに痩せてしまうという。

「ほっとできるのは、全ての工程が終わって焼酎が瓶詰めされた時」

終始、ソフトなトーンで語る永喜杜氏だが、その奥底でゆらめく熱が、徳之島のナポレオン

帝
5年以上長期熟成させた古酒。
年間5000本の限定販売。720ml。

王妃
3年貯蔵原酒を27度に割り水。
洋食などにも似合う750ml黒瓶。

を新たな定番に育てている。

「黒糖焼酎メーカーはどこも味が違うし、どの焼酎を飲んでも美味しいと思う。そのなかでぼくが目指しているのは、黒糖の味や香りという原料特性がしっかり出ている味の焼酎ですね」

最後に好きな飲み方を聞くと、

「ぼくは年がら年中お湯割りなんです」と永喜杜氏。

「夕飯を食べ終わって、それからは焼酎だけで、寝るまでお湯割りですね」

あら。口調はソフトなのに飲み方は渋目。この島のナポレオンは、ギャップのギャップも魅力だった。

●くっかるの酒蔵案内・奄美大島にしかわ酒造（あまみおおしまにしかわしゅぞう）

昭和25（1950）年に創業し、銘柄「まる芳」を製造していた芳倉酒造が蔵の前身です。平成2（1990）年に運輸・ホテル・流通などを担う「にしかわグループ」が免許を譲り受け、社名を変更。平成16（2004）年に伊仙町面縄（おもなわ）から水の良い白井（しらい）の現在地に移転し、現在に至ります。

仕込みや割水に使用するのは、蔵の地下190メートルから汲み上げた中硬水。約一億年前の中生代に

天水百歳
常圧・白麹／黒麹仕込みブレンド。
ラベルは森繁久弥氏の筆。25度。

あまんゆ（減圧蒸留）
爽やかで軽快な味わい。
徳之島の北緯27度線に因む27度。

形成された珊瑚層を含む硬い岩盤を数万年の時をかけて浸透した水で、ミネラルのバランスに優れ、焼酎をキレのよい味に仕上げてくれます。

仕込みに使用する黒糖と米の比は１・８対１。ひと仕込みあたり米と黒糖を合わせて１３８０キログラムにもなります。麹（こうじ）は白麹と黒麹を併用し、銘柄により使い分けたり原酒のブレンドもしています。蔵の設計は全体的にシステマティックですが、製麹（せいきく）に三角棚を使用するなど、機械任せではなく、人の手もかけながら製造しています。

一次は甕（かめ）に仕込み、二次仕込みではもろみをステンレスタンクに移して、溶かした黒糖を２回に分けて加えます。発酵中のもろみは温度管理システムで監視されていて、発酵により温度が上がりすぎると、甕やタンクの周囲に巻いたベルトに自動的に水が流れ、温度を下げてくれます。また、人の目でもろみの状態をチェックし、必要に応じて櫂入れを行っています。

蒸留機は、常圧蒸留機（２・５トン）と減圧蒸留機（２・５トン）を使い分けています。原酒はステンレスタンク・甕・屋外地下タンクなどに貯蔵されますが、それぞれ「原酒そのものの風味がストレートに出やすい」「熟成が早く、甕由来の豊かな風味をもたらす」「安定した環境でじっくり熟成が進み、災害に強い」という特長があります。銘柄によって原酒のブレンドもしています。

ステンレスタンク、甕、地下タンクを合わせた蔵の総貯蔵容量は、５５０キロリットルあります。奄美群島は台風銀座とも呼ばれ、強い台風に見舞われることも多い地域です。海辺に近かった以前の蔵では台風で貯蔵タンクが損傷する被害もあったことから、現工場へ移転する際に、容量２００キロリットルの地下貯蔵タンクを導入したそうです。

株式会社奄美大島にしかわ酒造（見学可・要予約）
※3日前までにお申し込みください
大島郡徳之島町白井474-565
0997-82-1650
http://syuzouonline.shop-pro.jp/

沖永良部島

地下にひみつがある沖永良部島

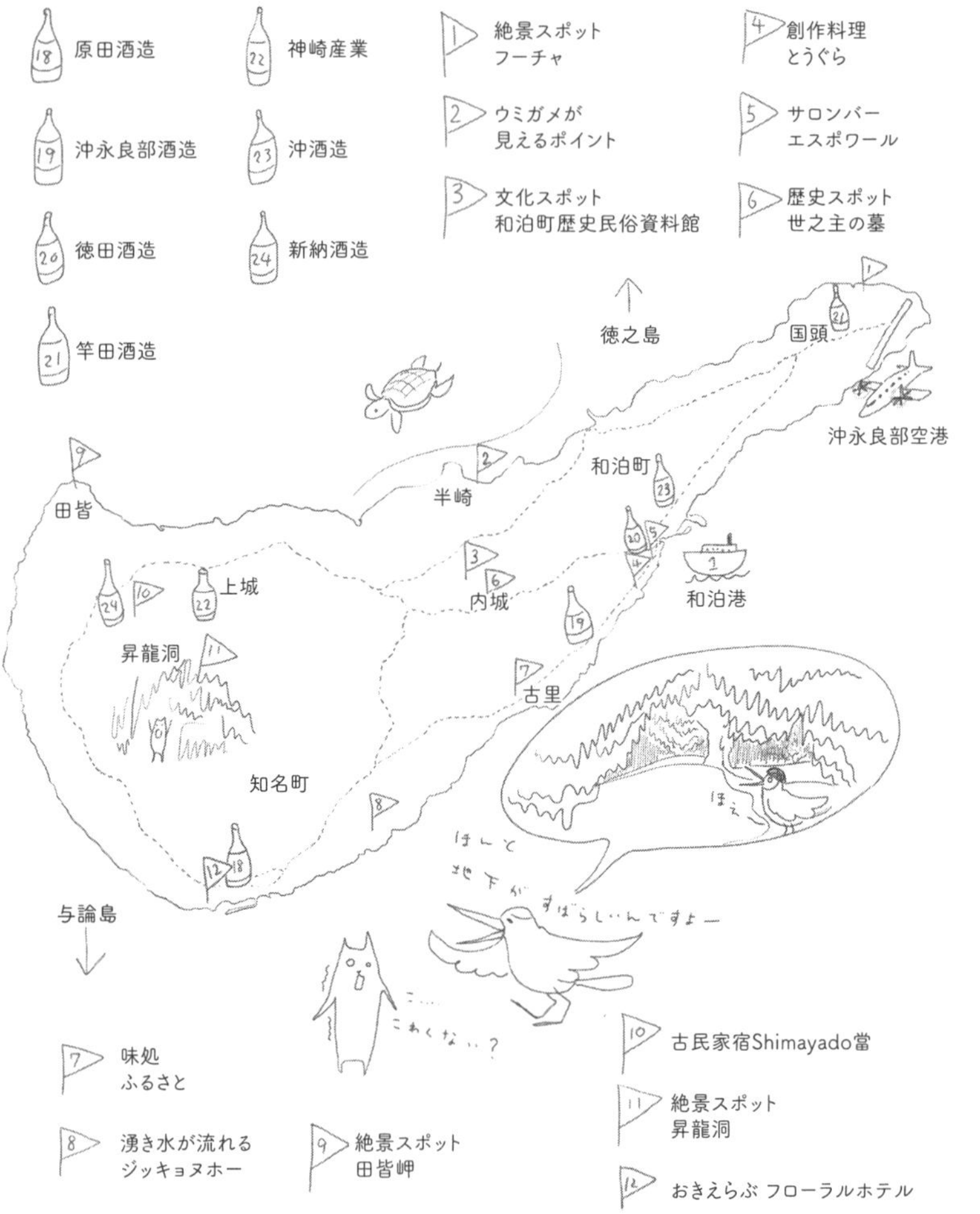

【 沖永良部島（おきのえらぶじま）・墓正月（はかしょうがつ）】

沖永良部島には、旧暦1月16日に「墓正月」と呼ばれるご先祖様のためのお正月があります。八月のお盆にも同じように「墓盆（はかぼん）」を行いますので、沖永良部島では年2回先祖の供養をしているということになります。「墓正月」の日には墓地に次々と住民が集まり、一族の墓前を掃き清め、花やお弁当、お菓子、黒糖焼酎などをお供えします。墓参りが済むと、集まった親族はお墓の前でお弁当を広げて宴会をし、先祖と一緒にお正月をお祝いします。この日に合わせて帰省する出身者も交え、黒糖焼酎を酌み交わしながら近況を語り合います。

文化の境目

三軒茶屋にある離島経済新聞社のオフィスには、時々、島からお届けものがある。今、まさにくじらが原稿を書いているテーブルには、「沖永良部《おきのえらぶ》 春《はる》のささやき」と書かれた段ボールが置かれてあって、中には新鮮なじゃがいもが箱いっぱいに入っている。

送り主は、『奄美群島時々新聞《あまみぐんとうときどきしんぶん》』で沖永良部島《おきのえらぶじま》を担当していたゆりメットさん。沖永良部島で収穫されたばかりの春の味覚を、おすそ分けしてくれたのだった。ゆりメットさんが勤めるおきのえらぶ島観光協会には「島らっきょくん」というゆるキャラもいて、美しいビーチを前にニヒルな微笑みを浮かべ沖永良部島のフリーペーパー『しまらっきょ』のグラビアを飾る、島らっきょくんには、かなりのインパクトがある。

農業が盛んな沖永良部島では、じゃがいも、島らっきょう、きくらげ、花卉《かき》などが栽培されている。疲労回復や夏バテ防止に良いらしい島らっきょうは、塩漬けもいいが、てんぷらとお塩でさくっといただくのがくじらは好きである。

島らっきょうを、はじめて食べたのは沖縄料理屋だった。沖縄では伊江島《いえじま》が島らっきょう生産の大部分を担っている名産地なので、くじらは少し前まで、島らっきょうの「島」は沖縄の島だろうと思っていた。しかし、島らっきょくんの出現により、最近では、島らっきょう

と聞けば、彼の笑顔が浮かんでくる。おそるべし沖永良部島。

島らっきょうは中国やヒマラヤ原産らしい。それがいつの時代かに日本に渡ってきたわけだが、沖永良部島の島らっきょうは、伊江島方面からやってきたんじゃないかなと、くじらはにらんでいる。

今でこそ沖永良部島は鹿児島県だが、600年前は琉球王国《りゅうきゅうおうこく》の島だった。その当時、北山《ほくざん》・中山《ちゅうざん》・南山《なんざん》という3つの勢力に分かれていた琉球のなかで、沖永良部島は北山王国の領地、国王の次男が島を統治していたという、その北山王国の領土には伊江島も含まれていたのだ。

島で見つけた資料によると、沖永良部島を統治していた次男は、地域の発展に努めて住民の生活を守っていたため、島人からは尊敬を込めて「世之主《よのぬし》がなし（がなしは尊称）」と呼ばれていたらしい。

奄美群島《あまみぐんとう》の島々では北から南に行くにつれて、大和から琉球に移り変わる文化のグラデーションを見ることができるが、なかでも、特にくっきりとした違いが見えるのは、徳之島《とくのしま》と沖永良部島の間。島唄《しまうた》・三線《さんしん》の音階がここでガラッと変わるのだ。徳之島以北では、奄美大島《あまみおおしま》と同じく、和音階を使うが、沖永良部島以南は沖縄民謡と同じ琉球音階が使われる。

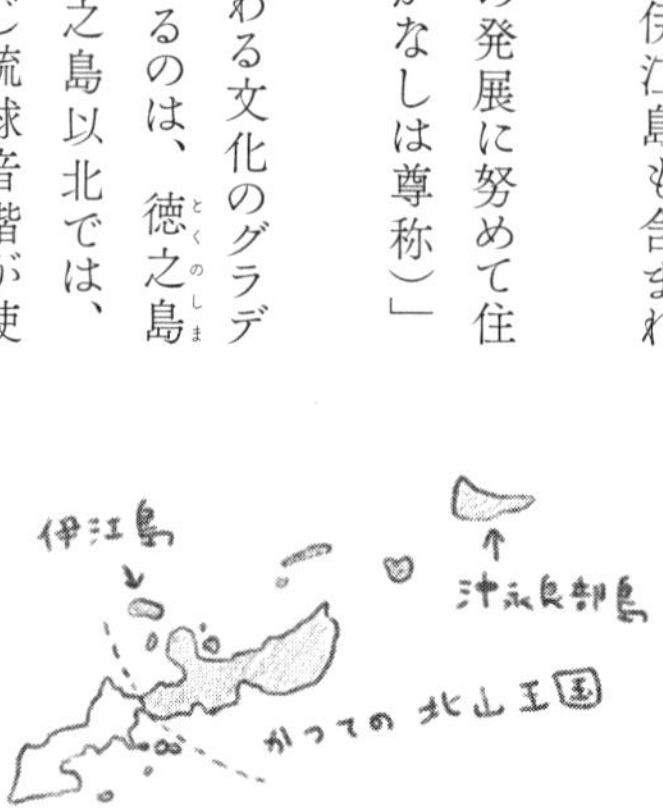

島らっきょうに島唄、三線。沖永良部島まで来ると、あちらこちらで琉球の香りが漂いはじめる。

美食の島

いくつかの島を続けて旅すると、島のサイズや立地、地質や気候によって、育つ作物や獲れる魚が違っているから、島ごとにいろんな食材や食べ方があるんだなぁと、その違いを楽しむことができる。ただ、ひとつの島に長く滞在すると、同じ材料、似た料理法が長く続くこともしばしば……。そうなると、それがどんなに美味しいものであっても、帰る頃には舌が別の味覚を求めていたりする。

その点、沖永良部島《おきのえらぶじま》は飽きることがない。くじらにとって、沖永良部島は美食の島だからだ。

日本の離島のなかで沖永良部島は、佐渡《さど》や種子島《たねがしま》などと肩を並べる農業大国である。じゃがいも、きくらげ、島らっきょうなど、島で採れたものが美味しいのはわかるのだが、沖永良部島の場合、料理も上手なのだ。

創作料理とうぐら
大島郡和泊町和泊3-7　0997-92-1345

「こだわる人は多いですね」

沖永良部島の人に、島で食べた料理がどれも美味しかったんだと熱弁したところ、そんな答えが返ってきた。こだわり屋さんが多いことが、美食の鍵なのか。くっかるとともに、島で食べたものを思い返してみた。

「『とうぐら』は美味しいですよね」

確かに、『奄美群島時々新聞《あまみぐんとうときどきしんぶん》』の取材時におじゃました和泊町《わどまりちょう》の「創作料理《そうさくりょうり》とうぐら」は、郷土料理から島食材を使った創作料理まで、出てくる料理はすべて美味しかった。なかでも島の魚にこだわった海鮮丼には定評があって、くっかるは、朝一番で魚を仕入れる店主の姿を目撃したことがあるらしい。

「朝早く漁港に行くとセリをやっているんですが、セリが終わった後の市場の片隅で、店主の前登志郎《すすめとしろう》さんが漁師のおじちゃんたちと軽トラを囲んで世間話をしていたのが印象的でした」

沖永良部島には「島の魚を食べなさい」という、ストレートなメッセージが書かれたポスターが貼られている。「とうぐら」では、島の魚を美味しく食べてもらうべくお店で提供していて、「魚の生ハム」に加工した商品は、優秀な地域物産に贈られる賞も受賞している。

「『ふるさと』も美味しかったですよね」

味処ふるさと
大島郡和泊町古里205　0997-92-0800

くじらとくっかるが、お世話になっている島人さんに連れて行ってもらった「味処《あじどころ》ふるさと」は、日本を代表する割烹料亭で修業された店主が腕をふるうお食事処。プチトマトまで丁寧に湯むきされていて、目にも美しく料理された島食材は、本土の料亭でいただく味そのものだった。

知名町《ちなちょう》の「おきえらぶフローラルホテル」に滞在したとき、ホテル内のお食事処でいただいた「きくらげのてんぷら」にも驚いた。きくらげは中華料理にちょこっと入ってくるだけの食材だと思っていたのに、沖永良部島で栽培された生きくらげのてんぷらは、サクッとぷりぷり。黒糖焼酎の肴にもばっちりであった。

「『エスポワール』のおまかせカクテルもおすすめですよ」

くっかる行きつけの「サロンバーエスポワール」では、ベジタブル&フルーツアドバイザーの資格を持つオーナーが野菜やフルーツを使ったカクテルをつくってくれる。好みの香りや色などのイメージを伝えると、おまかせでカクテルを仕上げてくれる。もちろん黒糖焼酎を使ったアレンジカクテルも出してくれる。くじらは「エスポワール」がつくっている「島のじゃがいもポタージュスープ」がお気に入りである。島の特産品として販売されているものだが、味わいはやさしく、ふわふわの食感がたまらなく美味しかった。

くじらにはまだ行っていない店がたくさんある。まだまだ隠れているだろう島の美食に出会

サロンバーエスポワール
大島郡和泊町和泊3-4　080-5245-6135

おきえらぶフローラルホテル
大島郡知名町知名520　0997-93-2111

うべく、次に渡島できる日を心待ちにしている。

島の地下へ

沖永良部島《おきのえらぶじま》はサンゴ礁が隆起してできた島である。その土台は琉球石灰岩《りゅうきゅうせっかいがん》といい、雨や風により穴ぼこができる地質だ。ゆえに、地下では、近年まで誰にも知られることなく、何万年にもわたって立派な鍾乳洞が形成されていたという。

『奄美群島時々新聞《あまみぐんとうときどきしんぶん》』の取材で沖永良部島を訪れた我々は、二手に分かれて鍾乳洞に向かった。一方は、のんびり歩いて散策できる昇竜洞《しょうりゅうどう》。もう一方は、地下に潜って洞窟を体験するケイビングである。

難易度の高いケイビングは、認定ガイドが同行するガイドツアーで体験できるが、子どもの頃にかくれんぼで隠れたロッカーから出られなくなって以来、閉所恐怖症のくじらは、暗くて狭いところが怖いので、迷わず昇竜洞を選んだ。

ケイビングに向かうチームは、ガイドツアーの拠点で外国の消防士のようなオレンジ色のつなぎを着込み、ヘルメットをかぶって探検の準備を整えていた。常夏の沖永良部島でその格好

昇竜洞
大島郡知名町大字住吉1520
0997-93-4536

は暑かろうとふびんに思ったが、洞窟のなかはむしろ涼しく、一年を通して気温の変化は少ないらしい。

ケイビングチームを見送ったあと、のんびりチームは大山《おおやま》にある昇竜洞へ。亜熱帯植物が咲き誇る敷地を抜けて事務所で入場料を払うと、地面から恐竜が口を開けているかのような入り口が見える。そこに立てかけられていた看板には、こんなことが書かれていた。

「あらゆる点で超A級の鍾乳洞で壮大華麗、世界的な鍾乳洞である」

それでは、壮大で華麗な世界に足を踏み入れてみよう。外界はあんなに暑かったのに、洞窟のなかは冷房がきいた図書館のように涼しい。約600メートルの順路の途中には、不思議な形をした鍾乳石群があるのだが、「ナイアガラの滝」「きのこの森」「ヒラメ」など、それらにつけられた名前もなかなか面白い。

「ここから人骨も見つかっているんですよ」

案内をしてくれていたゆりメットさんの話では、この鍾乳洞のなかで古い人骨が2体、発見されたらしい。その人骨は、7世紀頃のものと思われる管玉《くだたま》の首飾りを身につけていたので、身分の高い人だったと言われている。鍾乳洞が見つかったのは昭和に入ってからだが、沖永良部島の地下にある不思議な空間には、気が遠くなるくらい長い歴史が刻まれていた。

ちなみに、ケイビングはどうだったのだろう。初心者向けコースに参加したというくっかるに

聞いてみると、

「ヘッドライトの灯りを頼りに1時間半、真っ暗な洞窟を探検するんですが、天井の低い穴は這って進んで、時には首まで水に浸かったり、ざーざー流れている滝をくぐったり、水の流れる岩を滑り降りたり、よじ登ったり……全身を使うハードな活動でした」

というから、くじらはやはり昇竜洞でよかったなと思う。

「地上とは全然違う時の流れの中に身を置けるのも魅力でした。特に印象的だったのが、ケイブ・パール（ｃａｖｅ ｐｅａｒｌ）と呼ばれる鐘乳石。砂粒などの周りにカルシウムが付着して、天井から落ちる水滴の力で回転しながら球状に成長した石なんですって。洞窟の奥で、長い長い時をかけて、ひっそりと成長しているなんて！ロマンがありますよね。ケイビングは、冒険野郎には、たまらない魅力がありますね」

くっかるに見せてもらった写真には、つるんと白いケイブ・パールたちが、ヘッドライドの光を受けて幻想的に浮かび上がる姿が映っていた。何かの間違いで閉所恐怖症が治ったら、ぜひとも行ってみたい場所である。

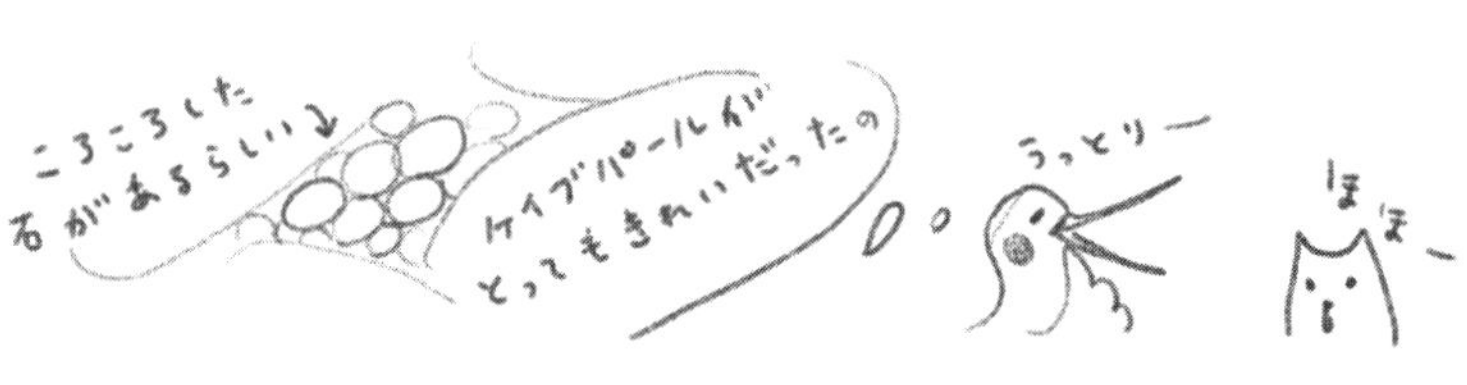

OKINOELOVE

沖永良部島《おきのえらぶじま》をアルファベットで書くと「OKINOERABU」だが、沖永良部島の人々は、そこをあえて「OKINOELOVE」と書いたりする。「RABU」ではなく「LOVE」。

この島には、まさに「OKINOELOVE」な、情熱的な人がいる。

「ウミガメ博士」と呼ばれている沖永良部島エコツアーネットの山下芳也《やましたよしや》さんもそのひとり。見た目にも存在感のある山下さんは、失礼を承知で表現するとウミガメたちを束ねる親分のような人だから、くじらは心のなかでウミガメ博士改め、ウミガメ親分と呼んでいる。島のあらゆることに精通していて、ウミガメが見られる観察ポイントから、バードウォッチング、歴史散策、ロケ地めぐり、パワースポットめぐり……と、いろんな視点から沖永良部島について教えてくれるウミガメ親分は、その知識量でいえば、やはり博士級である。

ウミガメ親分は『奄美群島時々新聞《あまみぐんとうときどきしんぶん》』の取材時にも、

「島を知ることが愛すること」

と言っていた。知らないと興味が湧かないけど、知ると興味が湧いてくるもので、それが島を愛することにつながるというわけだ。ウミガメ親分の島案内は、島の太陽のようにカラっと明快だが、歯に衣着せない、いわゆる毒舌的表現が時々混じるのもツボである。しかしど

んな言葉の裏側にも、ウミガメ親分が島に抱く「ＬＯＶＥ」がつまっているから、聞いている我々はいつのまにか、「沖永良部島っていいなぁ」と思っているのである。

鍾乳洞のようにじっくりと

沖永良部島《おきのえらぶじま》には高い山がない。だから、パッと見た感じは平べったい島なのだが、島の地下には見た目にはわからない、ものすごい世界が存在している。

昭和38年の沖永良部島で、大規模な鍾乳洞が発見された。鍾乳洞といえば、ぽたりぽたりと落ちる雫に含まれる石灰岩の成分が、何千年、何万年という時をかけて形成された鍾乳石が洞窟いっぱいに広がる不思議空間。沖永良部島で発見された鍾乳洞は、全長3500メートルあって、「フローストーン」と呼ばれるクリームをとろとろと垂れ流したような鍾乳石は全国でも有数の大きさらしい。

鍾乳石が1センチ成長するには30年かかるらしい。であれば、30数年生きているくじらが、それなりに長いと感じている人生のすべてをかけたって、鍾乳石は1センチちょっとしか成長しないわけだから、沖永良部島の地下にそびえる巨大な鍾乳石は、それはそれは気の遠くなる時間をかけてでき上がったものである。それが、昭和の中頃までは誰にも知られずに、島の地下で静かに成長していたと思うと、沖永良部島の奥深さをリアルに感じる。

全国各地にある鍾乳洞にはいろんな名称がつけられていて、沖永良部島で公開されている鍾乳洞のひとつは「昇竜洞《しょうりゅうどう》」と呼ばれているのだが、ここで話を本筋に戻すと、沖永良部

昇龍原酒
樽貯蔵5年原酒と5年熟成原酒をブレンド。
洋酒のような味わい。38度。

昇龍（樽／タンク5年貯蔵ブレンド）
樽とタンクで貯蔵した原酒をブレンド。
25度、30度がある。

島には「昇龍《しょうりゅう》」という名の黒糖焼酎がある。「昇龍」の特徴は、奄美黒糖焼酎を造る各蔵が「このお酒がうちの蔵を代表する銘柄ですよ」と、酒造組合に登録している代表銘柄のなかで、とりわけ貯蔵期間が長いことにある。

焼酎は3〜4週間かけて、仕込みから蒸留までを行った後、貯蔵・熟成の期間を経て、飲み手に届けられる。奄美黒糖焼酎の代表銘柄として登録されている16銘柄のうち、奄美大島《あまみおおしま》の「龍宮《りゅうぐう》」や与論島《よろんじま》の「島有泉《しまゆうせん》」は貯蔵期間が1年未満と短く、そのほかでも2〜3年の貯蔵期間が多いところ、「昇龍」の貯蔵期間は5年以上。その香りは、黒糖のコクがじわっと抽出されたように濃くて野生的だけど、口当たりはまろやかでやさしい。沖永良部島の鍾乳洞さながら、じっくりゆっくり、時間をかけて造られたからこそ楽しめる味わいのお酒なのだ。

島に灯りをともした功労者

「昇龍《しょうりゅう》」を醸す原田酒造《はらだしゅぞう》は、沖永良部島《おきのえらぶじま》の南西にある知名町《ちなちょう》の街中にある。原田酒造へ向かう道すがら、くっかるが面白いことを教えてくれた。

ラベルも昇龍洞
鍾乳石のようにじっくり貯蔵される

「蔵の歴史を調べた際に、面白いことを知ったんです。原田酒造は、昭和22（1947）年に原田孝次郎《はらだこうじろう》氏が立ち上げた蔵ですが、孝次郎氏は酒造業だけでなく、島の電力事業にも関わっていたんです」

酒蔵のなかには、酒造りとは別の事業をおこなっていることがあるのは、くじらも蔵めぐりのなかで学んできた。原田酒造の場合は、島の電力らしい。

電力といえば、いまや人々の生活から切り離せない重要インフラである。沖永良部島では、昭和4（1929）年に沖永良部電気株式会社という民間の電力会社が送電を開始、途中公営化された後、太平洋戦争の戦時下にあった昭和18（1943）年に、島の電気事業は国策として九州電力に吸収合併されるのだが、この流れのなかで、孝次郎氏は常に島の電力を支えていた。

「最初にできた発電所の建設工事で現場監督を務めたのが孝次郎氏だったんです。昭和7（1932）年に電力会社が公営化されると、孝次郎氏は旧知名村の電気課に所属して発電所運営の任にあたりました」

終戦間際の昭和20年2月、空襲で発電所が全焼。島の夜は再び闇に包まれてしまった。そこで孝次郎氏は、終戦を迎えるとすぐに島の電力復旧のため私財を投じて発電所再建を目指した。

BARREL1983
樽貯蔵原酒に古酒をブレンド。
38度。

満月
濃厚な香りとコクがあり、
円やかな味わい。

「奄美群島《あまみぐんとう》が日本本土から切り離され、物資の流通が限られていた時代のことです。必要な機械も資材も容易には手に入りません。日本海軍が駐留していた加計呂麻島《かけろまじま》の旧実久村《さねく》の瀬相《せそう》に海軍が残した発動機があると聞いて、船で沖永良部島まで運び出したり、海底の沈没船に積まれた電線を潜水夫を雇ってひと月がかりで引き上げたりと、発電所再開にこぎつけるまでには並々ならぬ努力があったといいます」

そして努力は実り、終戦から3年が経った昭和23（1948）年6月に、沖永良部島に再び灯りが灯った。

「ほぼ同時期の昭和22（1949）年に原田酒造を創業しているので、ものすごいバイタリティですよね」

と、くっかる。事業家として活躍した孝次郎氏は、壮大な事業のかたわら、20年以上にわたって、小学校のＰＴＡ会長を務め、交通安全協会の活動として、地域の子どもたちに事故がないように通学路での見守りも続けていたという。ドラマチックな展開を聞きながら、その道のプロフェッショナルな生き様を紹介する某テレビ番組の挿入歌が、くじらの頭のなかで流れる。

「徳之島《とくのしま》でサトウキビの優良品種普及に努めた天川酒造《あまかわしゅぞう》の初代など、黒糖焼酎蔵の創業者には、地域のために尽くされた方々が多くいらっしゃいます。蔵の歴史を紐解くと、厳し

い時代の中を懸命に生きた人間たちのドラマが見えてくるんです。そういうことを知っていくと、平和で恵まれた環境で黒糖焼酎を飲めることが本当にありがたくて、大切なものだから一滴も残さずにいただこうという気持ちになります」

いずれもこの島で鍾乳洞が発見される以前の話であるが、地下の鍾乳洞はきっと、地上で起きているドラマを静かに感じとっていたことだろう。

三種の神氣とコーヒーリキュール

「昇龍《しょうりゅう》」を造る原田酒造《はらだしゅぞう》に、蔵人の田中勇一《たなかゆういち》さんを訪ねたくじらとくっかるは、事務所の一角に見慣れないお酒が飾られているのを発見した。

ひとつは、赤・金・銀色のボトルに、歌舞伎の隈取りのように、ひゅるりといきおいのあるラインが入っていて、デザインホテルのラウンジに似合いそうなお洒落なもの。

「これは『三種の神氣』という蔵元限定ボトルで、このデザインはロンドン国際広告賞の銀賞を獲ったんです。分かりづらいんですけど、昇龍の頭文字、SとRが隠れていて、昇り龍的なデザインなんです」

昇龍壺
1977年から30年熟成させた大古酒。
150本限定販売。38度。

昇龍　白ラベル
樽貯蔵原酒と熟成原酒をブレンド。
すっきりとした味わい。25度。貯蔵5年未満いわれてみると、その模様は確かに昇り龍のよう。海外の国際広告賞となると、海外進出も意識しているのだろうか。くっかるが言うには、奄美《あまみ》黒糖焼酎全体を「ジャパンブランド」のひとつとして、海外にＰＲする動きがあって、その流れで、田中さんも海外に黒糖焼酎のＰＲに出かけているらしい。

「ドイツの『バーコンベルトベルリン』にも出展しているんですが、焼酎そのものの認知度がまだまだ低くて、みんな日本酒みたいに複雑な味がして美味しいって言うんですけど、やっぱり『さけ?』って聞いてくるから、いやいや、ちがうよ焼酎だよって教えているんです」

日本酒が世界の呑んべぇに愛されていることは日本人の呑んべぇとしてもうれしいことだが、黒糖焼酎もあるよ！　である。それこそ、ヨーロッパの樽酒《たるざけ》にも似た香り豊かな銘柄も多いし、ウイスキーやラムを飲みなれた諸外国の呑んべぇには、黒糖焼酎も粋で良いんじゃないだろうか。

田中さん曰く、ドイツの呑んべぇは「水割り」がとても面倒で、コーヒーにミルクを入れるのも面倒くさい感覚をお持ちだという。

「割って飲んだら好みに調整できるのにね」

と、くじらとくっかるは、日本人の呑んべぇを代表して言いたい。

そして、もうひとつ気になった酒は、昨年、ようやくできたという「コーヒーリキュール」だった。

「お酒をあまり飲まない人にも飲んでもらいたいですからね」

と田中さん。実際、狙いは当たって、鹿児島市内のイベントに18本持って行ったところ、可愛いボトルに気づいた女性客が手に取り、すぐに完売するほどの好評だった。

「カルアミルクみたいにミルク割りにしてもいいですし、ドイツに持って行ったときには、アイスにかけて食べてねと提案しました」

昔、カルアミルクにはまって、毎夜飲んだところ激太りした経験を持つくじらは、糖質のない黒糖焼酎ベースで造られるコーヒーリキュールには興味深々である。

ひと段落したところで、蔵のなかも見せていただいた。天井の高い蔵には大きな貯蔵タンクが24本並んでいるのだが、聞けば、地下にもタンクが埋められているという。さすがは、地下に鍾乳洞という別世界を秘める沖永良部島。ぱっと見てわからないところに、宝がある。

貯蔵タンクの横には、袋に入ったコーヒー豆が積まれていた。

「割り水した焼酎にコーヒーを漬けて抽出します。漬ける期間は、かんべんしてください企業秘密なんで、でも、あまり漬けると渋みがついてしまうから……」

そこに積み上がったコーヒー豆はすでに漬け終わったもの。しかし、そこからはかすかな香りがしていた。

三種の神氣－昇龍（5年貯蔵）
海外展開を見据えて開発。濃厚なコクと香り。40度。

「昇龍」40度はパーシャル冷凍で

原田酒造《はらだしゅぞう》の田中《たなか》さんは、しずかなトーンで淡々とおしゃべりする人だ。しかし、こういう人こそお酒が強そうなタイプだろうと確信していたくじらは、普段はどんな風にお酒を嗜まれているのか聞いてみた。すると、田中さんは相変わらずしずかなトーンでぽつり。

「『昇龍《しょうりゅう》』を日によって飲み変えているんです。水割りか、ストレートか」

ほら！　ストレートだなんてはじめて聞いたわと、くじらの目が輝く。

「40度の焼酎をパーシャル冷凍すると味ががらっと変わるんです。生のままだと、ちょっとナッツ臭がするけど、凍らすとめちゃめちゃフルーティで、別物になるんです」

田中さんの声がしずかながらもワントーン上がった。

「飲みやすくなるので一晩で1本くらいすぐ空きますからね」

40度を1本って！　と驚く我々に「大変なことになりますけど」と笑う田中さん。最後に、ツワモノ呑んべえさんに、好きな肴について聞くと「ソーキ」という答えが返ってきた。こってりしたソーキをあてに、ぎゅっと冷やした40度の昇龍をちびちび……。ああ、お酒が飲みたくなってきた！　と、唾を飲みこみながら、へなちょこ呑んべえたちは原田酒造を後にした。

●くっかるの酒蔵案内・原田酒造（はらだしゅぞう）

原田酒造の創業は、昭和22（1947）年。初代の原田孝次郎（はらだ・こうじろう）氏が知名（ちな）町・知名で量り売りの泡盛を造っていた「久木田酒造（くきたしゅぞう）」からのれん分けして同じ知名で創業しました。創業時の銘柄は「黄金水（おうごんすい）」でした。昭和32（1957）年に工場を現在地へ移転し、今に至ります。

常圧蒸留の黒糖焼酎は熟成させるほど風味が増し口当たりもまろやかになるため、昔から「黒糖焼酎は寝かせておくほど価値が増す」といわれます。原田酒造では、贅沢に5年貯蔵した古酒を代表銘柄にしています。5年古酒を代表銘柄にしているのは、奄美群島の中でも原田さんだけです。

二代目で現代表の原田孝志（はらだ・たかし）社長は、高校卒業後の18歳から蔵を手伝い、昭和47（1972）年25歳のときに蔵を引き継ぎました。蔵を継ぐにあたり、他にない個性ある焼酎を造りたいと考えていた孝志社長は、長期貯蔵された古酒だけが持つ時に磨かれた味わいに着目し、「昇龍（しょうりゅう）」を開発しました。常圧蒸留し5年貯蔵した原酒をベースに、樽（たる）に貯蔵してコクと甘い香りをつけたのちに5年貯蔵した原酒をブレンドしています。

麹（こうじ）はタイ米に白麹仕込み、黒糖はタイ産と沖縄産を使用しています。長期貯蔵に力を入れていることから、蔵には36本の樽のほか、容量数キロリットルのホーロー製貯蔵タンク24本、地下貯蔵タンクを備え、蔵の総貯蔵能力は298キロリットルになります。

2016年からは、沖永良部島出身で結婚を機にUターンし特産品開発に携わってきた田中勇一（たな

スター昇龍（5年貯蔵）
キレがあり、深みのある旨さ。樽酒とのブレンドでトロミのある美味しさ。30度、720ml

魔峡の雫
1977年から30年熟成させた大古酒。1,500本限定販売。38度。

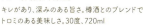

か・ゆういち）さんと、Ｉターンの若手杜氏（とうじ）も加わり、以前からの現場責任者とアルバイト１名の４人で製造を担当しています。従来は常圧蒸留のみで製造してきましたが、新しい蒸留機を導入し、新製品の開発にも取り組んでいます。

原田酒造株式会社（見学可・要予約）
大島郡知名町知名379-2
0997-93-2128

「白ゆり」の香り

本土の花屋さんに並んでいる観賞用の花のなかには、はるばる沖永良部島《おきのえらぶじま》からやってきた花もあるかもしれない。というのも、農業が盛んな沖永良部島は花卉《かき》栽培が有名で、島で「えらぶゆり」として親しまれているテッポウユリや、グラジオラスなどが育てられ、島外に向けて出荷されているのだ。

沖永良部島の花は、遠く海外でも愛された歴史を持ち、明治時代には「エラブリリー」の名で、その球根が高値で取引されていた。

そんな島には「白《しら》ゆり」という、百合の花のように豊潤な香りを持つ黒糖焼酎がある。度数は40度とちょっと強めで、香りはブランデーのようだとも言われる。「白ゆり」は複数の蔵で造った原酒を共同瓶詰会社の沖永良部酒造《おきえらぶしゅぞう》でブレンドして造られている。和泊町《わどまりちょう》にある竿田酒造《さおたしゅぞう》、沖酒造《おきしゅぞう》に、知名町《ちなちょう》にある神崎産業《かんざきさんぎょう》。いずれも1〜2名の造り手が酒を醸す、小さな蔵である。

沖永良部酒造《おきえらぶしゅぞう》で聞いた話では、「白ゆり」は東京の大手デパートで30年以上も取り扱いがあるらしい。デパートに長年置かれるということは、定期的に「白ゆり」を求める根強いファンがいる証拠である。香りをかぐと、特定の風景が思い浮かぶことがある。グラスに「白

古酒 白ゆり（樽／タンク貯蔵ブレンド）
樽とタンクで長期貯蔵した古酒をブレンド。豊かな香りとコク。40度。

ゆり」を注いだその人は、その香りの向こうに、島いっぱいに咲き誇るえらぶゆりの風景を見ているのかもしれない。

ふんわり可愛い「稲乃露」

いくつかの黒糖焼酎をグラスに注ぎ、香り比べをしている時、甘くて可愛らしい金平糖のような香りがする銘柄を発見した。香りの主は「稲乃露《いねのつゆ》」、そのラベルから金平糖を想像するのはなかなか難しいが、何も聞かされずに香りだけに注目すると、その成分のなかでも可愛らしい部分が強調されているように感じたのだ。

「『稲乃露』は沖永良部島《おきのえらぶじま》のロングセラー銘柄なんです」

くっかるの基礎情報によると、くじらが金平糖の香りと思っている「稲乃露」は、沖永良部島にある4つの蔵からなる共同瓶詰会社・沖永良部酒造《おきえらぶしゅぞう》の代表銘柄とのこと。もとはそのうちの1蔵、徳田酒造の銘柄だったものが、沖永良部酒造に引き継がれているそうだ。

「『稲乃露』は戦前、徳田酒造から泡盛として発売されたお酒なんです。昭和28（1953）年の奄美群島《あまみぐんとう》の日本復帰に伴い、黒糖と米麹《こめこうじ》を使用する現在の黒糖焼酎に

変わりましたが、ラベル上では変わらず『泡盛 稲乃露』と表記されていたんですよ」

奄美群島の黒糖焼酎には、かつて「泡盛」と表示されていたお酒がいくつもあったが「稲乃露」もそのひとつだったらしい。でも、泡盛ということはタイ米で造っていたのだろうか?

「実は、奄美の島々では、そこで手に入るさまざまな原料で蒸留酒を造っていた歴史があって、原料によらず蒸留酒を『泡盛』と呼んでいたため、黒糖焼酎のラベルも地元で通りのいい『泡盛』と表記していたようです」

島で造られる蒸留酒を泡盛と呼んでいたわけだ。ところが、そのことで沖縄の酒造業者より指摘を受け、沖永良部酒造でもラベルの表記を「泡盛」から「黒糖酒」「黒糖焼酎」に変えたらしい。

「平成21(2009)年に「奄美黒糖焼酎」が地域団体商標に登録され、表記を『奄美黒糖焼酎』と改め、今に至るんです」

そんな話をしながら、和泊町《わどまりちょう》の街中にある徳田酒造を訪れたくじらとくっかるは、蔵のなかにある「井戸」や、歴史をまとった貯蔵タンク、酒蔵ではよく見かける「お酒が大好きなカビ」が住み着く壁など、ロングセラー銘柄の生まれる場所に心をときめかせた。

蔵を案内してくれた徳田英輔《とくだえいすけ》さんは、沖永良部酒造の取締役と、徳田酒造の代表を兼務している。英輔さんは島育ちで、東京農業大学醸造学科を卒業して、東京の酒問屋で

の4年間の修業を経て帰島。平成21（２００９）年に徳田酒造の代表に就き、沖永良部酒造の役員を兼務されているという。4つの蔵をとりまとめている英輔さんは、優しく明るいお父ちゃんといった雰囲気。聞いてみると、下は2歳の子を持つ5児の父だった。

英輔さんに聞くと、「稲乃露」のなかでも一番飲まれているのは「30度」。世間では、低アルコールのお酒が流行っていると聞くのに、沖永良部島では好まれる度数が上がっているらしい。

「特に冬場は『稲乃露』の30度をお湯割りにして飲む人が多いんです。『はなとり』という銘柄はもともと20度が主流だったんですが、最近ではそれが25度にシフトしていて。島では結婚式とか法事とかのお返しとしてお酒を贈るんですが、そういう時でも25度の化粧箱入りが増えているんです」

時流を考えると、大変めずらしいが、呑んべえ的にはウエルカムな流れ。

「度数が高いのを買っておけば、薄めればいいですからね。それで量も飲めるから」

と英輔さんが笑う。実際、度数が高いもののほうが「味がある」から、それをお好みで薄めながら飲むほうが、美味しくて経済的。分かってはいたが、世間が「低アルコール流行り」だなんていうから、弱気になっていたくじらの心に、灯がともった気がした。

ちなみに、濃い焼酎が夜な夜な空いていく沖永良部島は、「夜が長い」らしく、「みん

な飲む人ばっかりだから」と英輔さんは笑う。島酒本を書いている我々からすると、なんて心強いことだろうか。くじらはが思う可愛らしい香りは、沖永良部島の長い夜に欠かせない香りでもあった。

巨大ソテツとブレンド技術

沖永良部酒造《おきえらぶしゅぞう》は、徳之島《とくのしま》の奄美酒類《あまみしゅるい》と同じく、複数の蔵で造った原酒を集め、ブレンドして統一銘柄を出す共同瓶詰会社である。両者の違いは、各蔵が共同瓶詰会社に納める原酒の割合にある。奄美酒類は5蔵が同量を納めているのに対して、沖永良部酒造は蔵の規模の違いもあり、発売される製品の8割の原酒を徳田酒造《とくだしゅぞう》が造り、あとの2割を3社が造っているという。

あの可愛い香りがする「稲乃露《いねのつゆ》」は徳田酒造が原酒を造り、濃厚な「白《しら》ゆり」は沖酒造《おきしゅぞう》、竿田酒造《さおたしゅぞう》、神崎産業《かんざきさんぎょう》の3蔵が造る原酒をブレンドして造られる。

「『稲乃露』も4社の原酒をブレンドして造ったことがあるんですが、もともとは徳田酒造の銘柄だったので、昔の味を求める方も多かったんです」

そこで、「稲乃露」は徳田酒造の原酒だけで造られることになり、他方、「白ゆり」や「えらぶ」は3蔵のブレンドで造られているそうだ。一つひとつの銘柄の背景も、全くもってさまざまである。

くじらとくっかるは、そんな沖永良部島《おきのえらぶじま》の原酒が集められ、一つひとつの銘柄として仕上げられる、共同瓶詰の現場を見せていただくことにした。蔵は沖永良部酒造の表玄関から、巨大なソテツが立ち並ぶ庭を抜けたところにある。

「このソテツは、もともと自然に生えていたものなんです。植えてここまで大きくするには何百年もかかりますからね」

あまり立派なので植えたとばかり思っていたら、自生していたソテツはそのままに、周りを削って造園したのだという。このソテツ群を見るだけでも、なかなかの値打ちものである。

蔵におじゃますると、この蔵の工場長でブレンダーの村山治俊《むらやまはるとし》さんが作業にあたっていた。異なる原酒をブレンドし銘柄ごとに味を仕上げるブレンダーとして、村山工場長はこの道30年以上の大ベテラン。だけど、はじめは事務職で入社し、前工場長の退職に伴い、業務を引き継いだのだという。

「畑違いの仕事をはじめるには大変なご苦労があったのではと、村山工場長に尋ねてみたんです。そしたら『前工場長がしている仕事をずっと見ていたからねー』と自然体の笑顔

壁の「花恋慕」は
和泊町の町おこし演歌

が返ってきて、職人魂を感じました」

と、くっかる。村山さんは、原酒を造る各蔵にも度々足を運んでいるという。

「それぞれの蔵が貯蔵している原酒の状態を見極めた上で、次になにを造るかを決めるそうなんです。造り手さんが丹精込めた原酒の味わいを大切にして、最大限に活かすことを考えているんです」

各蔵で造られる原酒の味と、村山さんの手腕が揃ってこそ、旨い酒ができるわけだ。

天井の高い蔵の中には、盆踊りを彷彿させるような「やぐら」が、不思議な配置で組まれていた。

「ここは昔、徳田酒造の貯蔵タンク置き場だったんです。平成14年に沖永良部酒造を移転してきたときに、そのまま持ってきたんです」

と、英輔さん。やぐらの麓には、原酒や割水後の焼酎をろ過する機材が置かれていて、そこにレコードのような丸い紙があるのを発見したくじらに、

「ろ過の度合いは、ディスク状のろ紙の枚数で調整するんですよ」

と、くっかる。ろ紙には薄いものや厚いものがあって、その厚みや枚数で、ろ過具合が変わるらしい。さらに、やぐらにはお豆腐屋さんが豆腐づくりに使うような、木綿の「ふきん」も掛かっていて、見た目の通り元は「豆腐づくり用」とのこと。この「ふきん」は、原酒

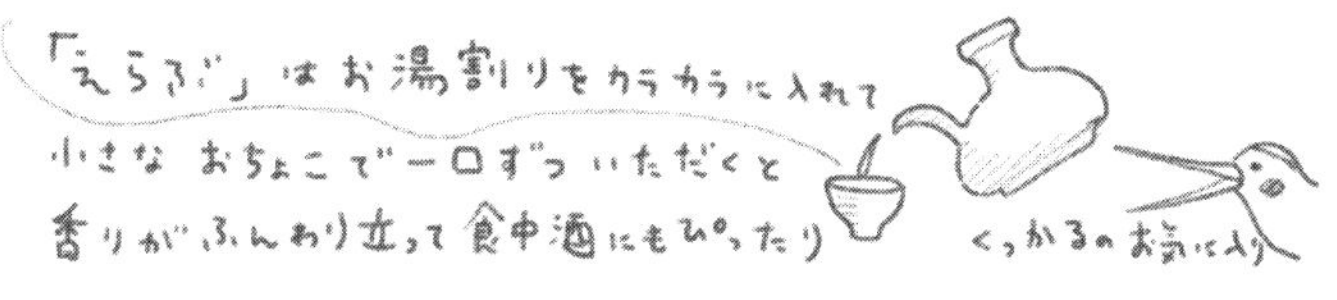
「えらぶ」はお湯割りをカラカラに入れて
小さなおちょこで一口ずついただくと
香りがふんわり立って食中酒にもぴったり
くっかるのお気に入り

の不純物をとるために使うらしく、香りが移らないよう原酒ごとに使い分けられていた。
一見、些細に見える一つひとつの仕事も、この蔵の酒の味を左右する大事なひと手間である。

久米島から輸入した水

沖永良部島《おきのえらぶじま》の水は、サンゴ礁が隆起した島だけあって、ばりばりの硬水である。だから、ボイラーでも瓶を洗う洗瓶機でも、軟水機を通した水を使わないと、石灰が詰まって使えなくなってしまう。

「ここは町が軟水機を導入しているから、昔は硬度が２３０くらいあったのが１１０くらいまでは下がっているんです。でも、水道水で焼酎を割ると硬くて、お湯にすると香りが立つので余計ダメで……。なので、水道水では割り水はできないんです」

と、英輔《えいすけ》さん。だから、どの蔵も原酒を割る「割り水」には、軟水化した水を使っているのだが、沖永良部酒造《おきのえらぶしゅぞう》の「はなとり」という銘柄には、沖縄の久米島《くめじま》から海洋深層水を取り寄せ、割り水に加えている。

「平成14年に飛び込みで久米島まで商談に行ったんです。タンクで買おうとしたんですが、

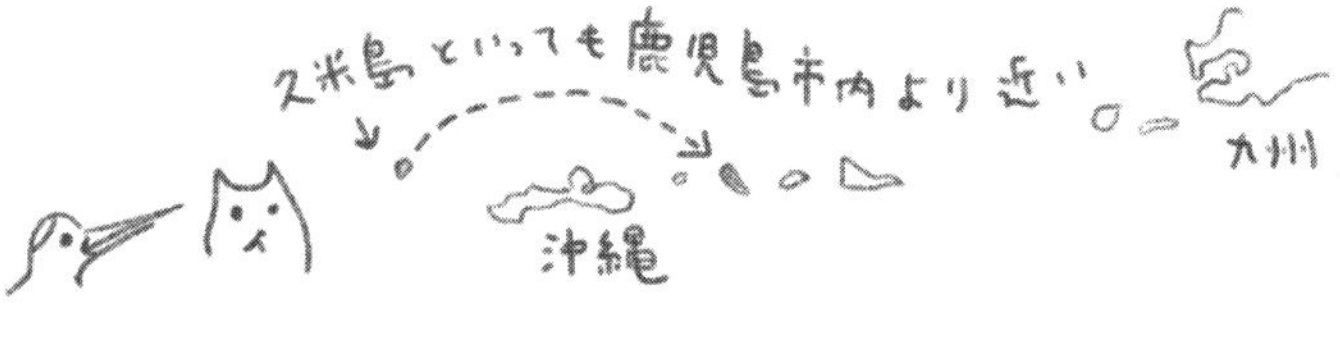

水は商品化したものでないと販売できないということで、必ずペットボトルでくるんです。2リットルが6本入ったものが100ケース。だからペットボトルもたくさんあります」

と英輔さん。久米島からやってきたお水を、ドボドボドボと割り水し「はなとり」ができ上がっている。しかし、どうして久米島なんだろう？

「海洋深層水では、近いところが久米島だったんです」

鹿児島県内の甑島《こしきじま》などでも海洋深層水が採取されているが、地図でみると確かに沖縄の久米島の方が近い。では、どうして海洋深層水だったのだろう？

「私が帰ってきた平成9年の当時、インパクトのあるお酒を出したくて、海洋深層水を使いたかったんです。ミネラルが豊富なので、寒い季節にオリが出ないようにうまく調整しないといけなくて、当初は少し白いのがでてきていましたね」

呑んべえは気にせず飲んでいるかもしれないが、どの蔵でも、飲み手に喜んでもらおうと、常に美味しい酒、面白い酒を生み出すための、創意工夫を重ねているのだ。

はなとり（減圧蒸留）

割水の一部に久米島産・海洋深層水を使用。15度、20度、25度がある。

●くっかるの酒蔵案内・沖永良部酒造と4つの酒蔵

共同瓶詰会社・沖永良部酒造（おきえらぶしゅぞう）

沖永良部酒造は、沖永良部島の4つの蔵で構成する共同瓶詰会社です。昭和44（1969）年に徳田酒造（代表銘柄「稲乃露」）、竿田酒造（同「初泉」）、沖酒造（同「旭桜」）、神崎産業（同「幸福」）、原田酒造（同「満月」）、新納酒造（同「天下一」）の島内全酒造6社により、株式会社として設立されました（のちに2社が脱退）。

当時の島内全蔵の原酒をブレンドした代表銘柄は「えらぶ」と名付けられました。同銘柄は、竿田・沖・神崎による原酒のブレンドという形で、今も引き継がれています。

当初、共同瓶詰工場は、和泊町・和泊（わどまり）にある徳田酒造の隣に置かれていました。平成14（2002）年に工場を和泊町玉城（たまじろ）字花トリ（あざはなとり）の現在地へ移転し、今に至ります。

現代表を務めるのは、徳田酒造先代の徳田實彰（とくだ・さねあき）さん。工場に併設されている「花トリ公園」は、實彰さんが開墾してガジュマルなど亜熱帯の植物を植え、丹精込めてつくり上げた植物園です。2月頃は、緋寒桜《ひかんざくら》が見頃となります。

沖永良部酒造株式会社（見学可・要予約）
島郡和泊町玉城字花トリ1999-1
Tel:0997-92-0185
http://www.erabu.net/hanarenbo/

酒蔵その①・徳田酒造

徳田酒造の創業は、昭和5（1930）年。旧知名村（ちなそん）・大津勘（おおつかん）出身の初代・徳田内東（とくだ・うちひが）氏が、旧和泊村（わどまりそん）・和泊で酒類製造業を営んでいた橋口（はしぐち）氏より酒類の製造免許を購入し、旧知名村（ちなそん）・知名（ちな）で「日の出（ひので）」という焼酎を造ったのがはじまりです。

二代目の徳田英亮（とくだ・ひであき）氏の代で、旧知名村・瀬利覚（せりかく）へ蔵を移転。妻の音（おと）氏が名付け親となり、代表銘柄を徳田家の「丸に田」の家紋と焼酎の原料のお米に因み「稲乃露」に変更しました。

かつて徳田さんの蔵で働いていたベテラン杜氏（とうじ）に伺った話ですが、戦時中から日本復帰後の物資が不足していた頃にかけて、お米の代わりに粟や麦・トウモロコシ・ソテツの実やソテツの幹を粉末にしたものを麹にしたり、二次仕込みでは溶かした黒糖のほかに、練ったサツマイモやメリケン粉を溶いてお粥状にしたものなども使って焼酎を造っていたそうです。

昭和28（1953）年の奄美群島日本復帰と時を同じくし、和泊で酒類製造業を営んでいた沖貞助（おき・さだすけ）氏より酒類の製造免許を購入し、一時は知名と和泊の二か所に蔵を持っていました。当時、造りには井戸水を使用していたそうで、和泊の蔵で使われていた井戸は、今も枯れずに水を湛えています。

井戸水はもう使われていませんが、その当時仕込みに使っていた甕（かめ）は、現役で活躍中。四代目の英輔（えいすけ）さんが「島のサトウキビで一から黒糖焼酎を造ってみよう」と商品企画し、地元商工

はなとり15度（減圧蒸留）
そのまま飲める360mlペットボトル入り。15度。

会青年部の若手とともにサトウキビの刈り取り・製糖から手がける黒麹仕込みの限定銘柄「めんしょり」の仕込みに使われています。「めんしょり」は島の方言で「いらっしゃいませ」との意味です。

焼酎造りに使う黒糖と米の比は、2対1。麹（こうじ）はタイ米に白麹造りで、甕仕込みの「めんしょり」のみ黒麹を使用します。黒糖は沖縄産・ボリビア産・タイ産などを併用しています。

ドラム式の製麹機で米を蒸して種麹をつけ、三角棚で麹を繁殖させてステンレス製のタンクで一次仕込みします。三角棚から仕込みタンクへ麹を運ぶのは、バケツを使った人力作業。三角棚とタンクの間を蔵子さんたちがダッシュで何往復もします。

二次仕込みには、腐食しにくく保温性に優れるＦＲＰ（繊維強化プラスチック）製タンクを使用します。黒糖を大量に仕込むため、一次仕込み用タンクの約２・３倍の大きさがあります。平成20（２００８）年より鹿児島県工業技術センターが開発した製法を取り入れて、更に独自のアレンジを加え、黒糖のブロックを水の張ったタンクに投入後に、一次もろみを加えて二次仕込みしています。黒糖に熱を加えないため、蒸気で溶かした黒糖を仕込む従来法と比べて黒糖独特の香りが強く残り、アルコール収量が高く、省エネにもなるそうです。

蒸留機は、常圧と減圧の2台を併用しています。河内式（かわちしき）の常圧蒸留機は、二段のワタリを切り替えて異なる風味の原酒を取り出すことが可能なもので、蒸留中に高い方のワタリの弁を閉めて香りとアルコールを溜め、蒸留の最後に弁を切り替えて溜まっていたアルコールを合わせることで、原酒の風味に奥行きを生み出しています。

徳田酒造は、平成22（２０１０）年に創業80周年を迎えました。外壁に塗装された「泡盛 稲乃露」

徳田酒造株式会社（11月〜4月のみ見学可・要予約）
大島郡和泊町和泊536
0997-92-1146

の文字や、蔵の一角でひっそりと水を湛える井戸、増改築の跡など、そこかしこに、蔵の歩んできた歴史が宿っています。

酒蔵その②・沖酒造（おきしゅぞう）

沖永良部島で現存する最も老舗の蔵、沖酒造は大正6（1917）年に和泊町・手々知名（ててちな）で創業しました。奄美群島内では、喜界島の朝日酒造（創業大正5〔1916〕年）に次ぐ、歴史のある蔵で、平成29（2017）年に創業100周年を迎えます。

創業者の沖元隆（おき・げんりゅう）氏は、沖永良部島へ流刑された西郷隆盛（さいごう・たかもり）に教えを受けた弟子達が開いたという自習所「新進舎」で学問を学び、県議会議員も務めた優秀な方で、当時としては珍しい180センチ近い長身の持ち主だったといいます。二代目の沖治（おき・おさむ）氏は、和泊町の町議会議員を務めながら蔵を経営しました。当時の銘柄は「旭桜（あさひざくら）」。太陽のような赤丸と緋寒桜（ひかんざくら）の花のデザインが印象的なラベルが、蔵に保存されています。

現代表兼杜氏の沖裕子（おき・ひろこ）さんは、先代だった義父の急逝に伴い、公務員として沖縄に駐在中だった夫の充（みつる）さんに代わり、平成11（1999）年から蔵を切り盛りしてきました。折しも2月、蔵では先代の仕込んだもろみが発酵中でした。葬式を終えると待ったなしで焼酎造りに取りかかりましたが、ホーローの仕込みタンクが水漏れするなど、多難なスタートだったそうです。

花恋慕（常圧／減圧ブレンド）
常圧蒸留（音響熟成）酒と減圧蒸留酒をブレンド。25度。

焼酎造りは全くの素人だった裕子さん。当時蔵で働いていた杜氏から造りの初歩を学び、その後も分からないことがあると、周囲の蔵に教わりながら蔵の仕事を続けてきました。事務書類の書き方を教えてくれた沖永良部酒造の事務員さんや、一時期蔵で造りを手伝ってもらった助っ人の女性など、沢山の方々のサポートがあったといいます。充さんが定年退職した平成21（２００９）年からは、夫婦ふたり体制で焼酎造りに取り組んでいます。

焼酎造りに使う原料は、ひと仕込みあたりタイ米３６０キログラムと黒糖を米の倍量の７２０キログラム用います。麹（こうじ）造りは竿田（さおた）酒造の石原純子（いしはら・じゅんこ）さんとの共同作業で、竿田酒造と共同購入したドラム式全自動製麹機（せいきくき）で造ります。同じ和泊町内の竿田酒造へは、車で15分ほどの距離。できた麹はトラックで蔵に運んで一次仕込みします。

水の硬度が高い沖永良部島では、熱を加えると水の中のカルシウムやマグネシウムが石灰化してボイラーなど機械の内部に付着して故障の原因になるため、蔵で使用する水は機械で軟水化処理しています。蔵の一角には、上水道が普及する以前に冷却水として使われていた古い井戸もあります。井戸水を使っていた時代は、用水が足りなくなると近所の井戸に水をもらいに行き、バケツで運ぶこともあったそうです。

仕込みタンクはホーロー製。平成22（２０１０）年から黒糖を固形のまま常温のもろみに投入する二次仕込み法を取り入れています。もろみの中で黒糖のかたまりがゆっくりと溶けるため、発酵が緩やかで温度管理がしやすく、黒糖に熱を加えないため、黒糖本来の香りがよく残ります。蒸留は、常圧蒸留。原酒は2年以上貯蔵され、沖永良部酒造へ運んで竿田酒造、神崎産業の原酒とブレンドの上、商品化されます。

有限会社沖酒造（1月～3月のみ見学可・要予約）
大島郡和泊町手々知名598
0997-92-0222

酒蔵その③・竿田酒造（さおたしゅぞう）

竿田酒造の創業は、奄美群島が戦後のアメリカ軍政下におかれていた昭和26（1951）年。ユリの仲買人や大島紬の親方業などをしていた竿田吉秀（さおた・よしひで）氏と妻のトヨ氏が和泊町・国頭（くにがみ）の現在地で甕仕込みの泡盛「初泉（はついずみ）」を造りはじめました。

現代表兼杜氏（とうじ）の石原純子（いしはら・じゅんこ）さん（旧姓・竿田）は、竿田酒造の娘として子どもの頃から蔵に出入りして育ちました。当時は、空になった焼酎瓶を回収して蔵で洗い、再度瓶詰めに使うリサイクル方式だったため、2つ上のお姉さんとリヤカーを引いて家々をまわり、持ち帰った焼酎瓶を洗うのが姉妹の仕事だったそうです。

純子さんは、東京の短大を出て外資系金融機関に勤め、ご結婚を機に帰島。創業者のお父様や杜氏について焼酎造りを手伝い、平成5（1993）年に蔵を引き継ぎました。以後は純子さん一人で造りを担ってきましたが、夫の茂廣（しげひろ）さんが定年後に手伝うようになり、今はご夫婦で協力して焼酎を造っています。

焼酎造りに使う原料は、ひと仕込みあたり、タイ米360キログラムに、沖縄産黒糖を米の倍量の720キログラム。麹（こうじ）は白麹造りで、共同購入のドラム式全自動製麹機（さいきくき）を使い、沖酒造の沖裕子さんと女性同士の共同作業で製麹します。「よい麹を造るためには、全てを機械任せにはできない」と純子さんは話します。時には深夜に起きて、ご自宅の向かいにある蔵へ麹の様子を見に行くこともあるとか。仕込み水には、機械で軟水化処理した水を使用し、蒸留機の冷却水には、蔵の中にある

井戸の水を使っています。

仕込みタンクはホーロー製やＦＲＰ製などがあり、大きさも様々。純子さん曰く、径の大きい方が発酵が良いそうです。平成21（２００９）年より黒糖を塊のまま常温のもろみに投入する二次仕込み法を取り入れています。

仕込んでから蒸留までを、決まった日数で進めるのではなく、もろみの声を聴きながら、発酵が少し落ち着いてきた頃を見極めて常圧蒸留しています。原酒は、約３年間の貯蔵を経て沖永良部酒造へ運ばれ、沖酒造・神崎産業の原酒とブレンドの上、商品化されます。

奄美の島々では昔から住民同士で助け合う「結い」の精神が息づいていて、行事ごとのためのお料理を一緒につくったり、日頃も何かと知り合い同士で面倒をみたりしますが、焼酎の造り手同士でも助け合いがあるようです。沖酒造の沖裕子さんとは一緒に麹造りをし、沖さんと共同で全自動製麹機を導入した際は、徳田酒造からベテラン杜氏が技術指導に来てくれたそうです。最近では、原田酒造に入った若い杜氏さんが純子さんに焼酎造りを教わりに来たりと、協力しながら焼酎を造っています。

酒蔵その④・神崎産業（かんざきさんぎょう）

神崎産業の創業は、昭和25（１９５０）年。代表兼杜氏の神崎ハツエ（かんざき・はつえ）さんと義母のスミさんの二人で造る家内工業としてはじまり、創業時の銘柄「幸福（こうふく）」は「お酒を飲ん

有限会社竿田酒造（11月～5月のみ見学可・要予約）
大島郡和泊町国頭1318
0997-92-2124

でお互いに幸福になろう」との思いを込めて名付けられました。

「幸福」は、蔵のある知名町・上城（かみしろ）集落と隣の下城（しもじろ）集落、新城（しんじょう）集落の三集落を合わせた「にしみ」地区の地酒として近隣で愛飲されていたのはもちろん、島の反対側の和泊町・玉城（たまじろ）から牛で台車を引いて焼酎を買いに来る方もいたそうです。

昭和33（1958）年に鹿児島から黒瀬杜氏（くろせとうじ）の片平正博（かたひら・まさひろ）氏を招いて蔵の設備を設計し、1年後の昭和34年（1959）に現在の蔵の基礎が完成しました。現在は、ハツエさんの息子で、保育園を営む忠光（ただみつ）さんが製造を手伝っています。

仕込み水には水道水を使用していますが、上水道が整備される昭和44（1969）年までは、集落共同の暗川（クラゴウ）の水を使っていました。差し込む太陽光を頼りに、地下の洞窟にある水場へ続く80段の階段を何度も往復し、水を蔵まで運ばなくてはなりませんでした。

水を運ぶには、バケツを頭に乗せたり、天秤棒で2個のバケツを吊るして運ぶのですが、こぼさないように、シュロの葉や、芭蕉、サネン（月桃）の葉を水の上に乗せる工夫をしていたそうです。米蒸しや蒸留に必要な火力は、近くの大山で切り出した薪を燃やし、蒸留時の冷却水は、天水を貯めたものを使っていたそうです。

ひと仕込みに使う原料は、米300キログラムに対し黒糖は倍量の600キログラム。黒糖は沖縄産とボリビア産を使用しています。麹（こうじ）はタイ米に白麹造り。ドラム式製麹機（せいきくき）で米を蒸したあと種麹（たねこうじ）をつけて一晩置き、翌朝に麹を三角棚に移して麹菌を繁殖させます。仕込みタンクはホーロー製。一次もろみに黒糖を2回に分けて加え、一次仕込みから三次仕込みまでを同じタ

えらぶ
沖・神崎・竿田の原酒をブレンド。豊かな香りとコクがある。

ンクで仕込みます。

蒸留は常圧蒸留。蒸留前のもろみは3120リットルになりますが、蒸留機の釜の容量は1500リットルなので、もろみを3回に分けて蒸留します。原酒は1〜3年の貯蔵を経て沖永良部酒造に運ばれ、沖酒造・竿田酒造の原酒とブレンドの上、商品化されます。

ほかの製造業同様、焼酎の製造設備にも時代の変遷がありますが、蔵には昭和30年代頃の製造設備がたくさん残されています。現在は使われていませんが、コンクリート製の原酒の冷却槽やタイル張りの地下貯蔵タンクなどから、当時の焼酎製造の様子を垣間見ることができます。

工場の一角には、蒸留時の冷却水を再利用するお風呂もあります。これは片平杜氏の考案したものだそうです。蒸留したての原酒は高温の気体の状態で、冷却水の中の蛇管（じゃかん）を通りながら冷やされ、液体へと変わります。原酒を冷却した後の水は60〜70度に温まり、水を足すとちょうど良い湯加減。きれいなお湯がどんどん供給されて掛け流しで入れる上、ほんのり黒糖焼酎の香りがするのだとか。

狭い工場の中でボイラーを炊き、重たい米や黒糖を大量に運ぶ焼酎造りは、冬でも汗だくになる重労働で、製造時期は休日返上が普通でした。かつては、一日の仕事が終わると片平杜氏が一番風呂に入り、その後でスミさん、ハツエさんが入っていたそうです。ハードな労働の後に、黒糖焼酎が香るお風呂に入れば、身も心も癒されたことでしょう。忠光さんが法人会長をされている保育園のお泊り保育の際は、園児たちもこのお風呂に入るとのこと。焼酎蔵のお風呂は子どもたちにも大好評だそうです。

有限会社神崎産業（見学不可）
大島郡知名町上城434
0997-93-3702

至福の島宿タイム

土の手触りがする素焼きの酒器に、ポットからお湯を注ぎ、湯気が立ち上るなかに「天下一《てんかいち》」をとくとくと注ぐ。すると、強い黒糖の香りが、蒸気にのって、部屋いっぱいに広がる。

なんでも「一」がつくものは、それなりにインパクトがあるように思うが、「天下一」もその名に違わずインパクトが強い。グラスを鼻に近づけなくても、つうんとした黒糖の香りがずっしりと届くタイプで、奄美大島名瀬《あまみおおしまなぜ》の「酒屋《さかや》まえかわ」店主の前川《まえかわ》さんは、ワインでいう「フルボディ系」と評していた。

舐めてみると、味も濃くて少しだけほろ苦い。いうなれば、隠し味に味噌が入った甘いお菓子のような少し個性的な香りで、地元の母ちゃんがつくる、美味しい島料理によく合うようなイメージ。久しぶりに帰ったふるさとで、テーブルいっぱいに懐かしい煮物や、揚げものが並んでいて、そこにあるグラスからこの香りがしたたら、さぞ料理も酒も美味しかろうと想像できる。

その晩、くじらとくっかるの目の前には、「天下一」とともに、テーブルいっぱいに美味しい島料理が並んでいた。その日、宿泊していた宿「Ｓｈｉｍａｙａｄｏ當《あたり》」の夕食が、まさ

Shimayado 當　大島郡知名町田皆2270　0997-84-3807

に「天下一」にぴったりのラインナップだったのだ。シビマグロとシマダコの刺身、青パパイヤとハンダマのサラダ、もずくとニラのヒラヤーチ、鶏手羽と冬瓜の煮物、生きくらげのフーチャンプルー……。　奄美群島《あまみぐんとう》のなかでは、与論島《よろんじま》の次に沖縄に近い沖永良部島《おきのえらぶじま》は、琉球王朝《りゅうきゅうおうちょう》傘下の時代もあっただけに、レシピも沖縄に近くなる。島の古民家をリノベーションした部屋は、間接照明が室内に美しい影を映している。美味しい料理をいただきながら、「天下一」のお湯割りに心を溶かす時間は、なによりの幸せである。

　翌朝、「天下一」の香りが残る宿の部屋を後にして新納酒造《にいろしゅぞう》に向かった。宿と蔵のある田皆《たみな》集落は、島の北西部にあり、近くに田皆岬という景勝地もある。集落の雰囲気はいたって穏やかで、新納酒造は鬱蒼と生い茂る緑のなかにぽつんと佇んでいた。

出迎えてくれた杜氏《とうじ》の新納仁司《にいろひとし》さんは、田皆集落と同様に、のんびり穏やかな雰囲気をまとう。

「昨日は『當』さんに泊まっていたんですか？　すぐそこにいたんですね」

聞けば昨晩のお宿は仁司杜氏の飲み友達とのこと。早く知っていれば一緒に飲みたかった！である。

まさに「天下一」の酒

「天下一《てんかいち》」はどうして「天下一」なんだろう。お湯割りの香りにとろけているくっかるに聞いてみると、「それには蔵の背景がありまして……」と、「天下一」を造る新納酒造《にいろしゅぞう》の歴史を辿ることになった。

「蔵の創業は、大正9（1920）年。知名町田皆《ちなちょうたみな》集落出身の新納政明《にいろまさあき》氏が、現在の知名町役場前に泡盛の酒造場を開いたのが始まりです」

当時の蔵は茅葺屋根で、造った酒は「量り売り」だったらしい。くっかる曰く、創業者の政明氏は、酒造業のかたわら県議会議員を1期務め、昭和2（1927）年の田皆郵便局開局に尽力し、昭和5（1930）年には知名町郵便局長に就任する名士だったとのこと。しかし、昭和7（1932）年に政明氏が急逝し、息子の常和《つねかず》氏が大学を中退して、蔵と郵便局長の職を継承することになった。その後、昭和16（1941）年にはじまった太平洋戦争のさなか、常和氏は郵便局を辞職して酒造業に専念したものの、終戦間近の昭和20（1945）年5月の空襲で、蔵の全てを消失してしまう。

「でもね、常和氏は終戦後すぐに、蔵の再建に立ち上がったんです」

本土の人にはあまり知られてないのだが、奄美群島《あまみぐんとう》には沖縄同様に、終戦から8年間の

天下一
上品な甘い香りとコクのある味わい。20度、30度がある。

間米軍統治下に置かれていた歴史がある。その歴史的背景から、現在、黒糖焼酎の製造が許されるのは、奄美群島だけという特例があるわけだが、それはつまり、特例ができるほど、先人が苦労を重ねてきたということ。新納酒造の常和氏も、その一人であった。

「奄美群島が米軍政下に入り、日本本土との交易が禁止されて物資が極度に不足するなか、常和氏は八方手を尽くして、町有林から配給された木材で仮工場を建造し、沖縄から種麹《たねこうじ》を取り寄せて終戦の翌年に造りを再開させたんです。そして、そのようすを見ていた地元の医師が『製品はもとより、この工場の様たるや、まさに天下一であろう』と称えたのが銘柄の由来となったそうです」

天下一の名は、戦争の苦しみを超えた、島人の強さが言い表されているというわけか。

「当時のようすを想像するに、焼け跡に再建された酒造場から街に甘い香りが漂って、人々を大いに元気付けたことでしょうね」

ロックな酒とポップな酒

グラスから離れていても黒糖が香ってくる「天下一《てんかいち》」の造り方には、いくつかの特徴がある

黒糖焼酎

「天下一」の原酒を割り水。25度。

らしい。まず、仕込みに使う水には、サンゴ隆起でできた島ならではの硬水を使用していて、お酒の冷却には、酪農につかう「ミルククーラー」を使っているという。杜氏《とうじ》の新納仁司《にいろひとし》さんが言うには、

「めちゃくちゃ硬水なので、お湯を沸かしたら真っ白になるんです。今の家はほとんどが軟水機を入れているけど、うちでは仕込み水にそのままの硬水、割り水にはろ過した水を使っています」

沖永良部島《おきのえらぶじま》には高い山がなく、大きな川もない。だが、島のいたるところに「クラゴウ（暗川）」や「ホー（泉）」と呼ばれる湧き水の取水池があって、島の人々はその水を生活用水にし、かつては酒もその水で造られていたという。くっかるが口を挟む。

「当時のお酒って、今の感覚とは価値観が違うかもしれない。ソウルフードのようなもので、『ああっ、やっぱコレだよな～！』っていう味だったんじゃないかしら」

すると仁司杜氏が「最近の（お酒）は、きれいすぎるのかもしれないですね」と一言。

とはいえ「天下一」が無骨なのは「うちのは昔から変えてない」からだという。

そう言いながら「でも……」と、仁司杜氏は話を１８０度回転させはじめた。

「『天下一』はきつくて飲めないよーという人のために、減圧蒸留のお酒を造ったんです」

その名も「をちみづ」という新銘柄で、クセの少ない酒ができる減圧蒸留機で蒸留してい

をちみづ（減圧蒸留）
月にあると信じられた若返りの水が銘柄の由来。減圧蒸留。25度。

るらしい。実は、奄美大島《あまみおおしま》の「酒屋《さかや》まえかわ」で「天下一はフルボディ」と紹介してもらいつつ、「同じ新納酒造から面白いお酒がでたんですよ」と「をちみづ」が登場したことをくじらは聞きつけていた。仁司杜氏は、新納酒造が減圧蒸留機を導入したのは、しばらく前のことだったが、納得のいく酒ができなかったので、商品化しなかったという。

「『をちみづ』っていうのは、うちの女性社員が見つけてきた名前で、『万葉集』に出てくる、月にあると言われる、飲むと若返る水のことなんです」

若返りの水とは聞き捨てならない名前である。「天下一」「天下無双《てんかむそう》」とロックンロールなラインナップに、加わったポップミュージックのような銘柄は、島でもなかなか好評らしい。

話がひと段落したところで、蔵をじっくり見てまわる。小さな体育館を2つくっつけたような細長い蔵の奥に、ロック銘柄を造る常圧蒸留機と、ポップ銘柄を造る減圧蒸留機が仲良く並んでいた。

墓正月と敬老会

保育園時代から田皆《たみな》で暮らしている仁司杜氏《ひとしとうじ》にとって、この地域はどんな存在なんだろう。

天下無双

黒糖をもろみに直接投入し、黒糖の香りが豊かな仕上がり。35度。

「『墓正月《はかしょうがつ》』とか、伝統的な風習がここには残っていますね」

墓正月とは、旧暦の正月にお墓参りに行き、お墓の前で先祖を交えてご飯を食べたり、酒を飲んだりする風習のこと。沖縄にもお墓で宴会を開く風習があるが、それと似た文化であり、いずれにしても「先人を敬う」意識が高いからこそ、根付いているものである。

先人といえば、沖永良部島《おきのえらぶじま》の郷土資料館に「島で一番大きな行事は敬老会」と書いてあったことを、仁司杜氏に伝えてみると、

「そうなんです。この集落も敬老者が１５０人くらいいて、敬老会も公民館に入りきれないから小学校の体育館でやるんです。字《あざ》（集落）を16組に区切って、組ごとに出し物をしたり」

むろん、そういう場には「天下一《てんかいち》」が必須で、わいのわいのの大宴会に対応すべく、あらかじめ水で割られた焼酎がテーブルに並べられる。

「水割をつくる手間を省いているんです。９００ミリリットルの空き瓶に焼酎と水を入れて、そのままコップについで飲む。たまに下手な人が割ると『濃いな』ということも（笑）」

先人を敬う文化が色濃く残る地域だけに、集落のハレの日を集落の酒で祝えるのは幸せなこと。ちなみに、敬老会では「天下一」の二合瓶が敬老の皆様に贈られるという。

そんな仁司杜氏の酒造りの喜びはというと、「島の人たちに飲んでもらえること」。無骨

寿

「仕次ぎ」法で12年熟成させた大古酒。限定販売。35度。

な「天下一」もポップな「をちみづ」も、もとは身近な人たちに喜んでもらうために、造られているのだ。

蔵見学を終えた帰り道、くっかるが言った。

「地域の人たちにとっても、仁司さんが造る地元のお酒を一緒に飲めることは嬉しく誇らしいことなのでは。島にいると、造り手と飲み手が近い。それって島酒ならではの幸せだと思うんです」

敬老会などのイベント時には
あらかじめ水割りをボトルに入れて使用

●くっかるの酒蔵案内・新納酒造（にいろしゅぞう）

新納酒造の創業は、大正9（1920）年。知名町田皆（たみな）集落出身の初代・新納政明（にいろ・まさあき）氏が、現在の知名町役場前に蔵を開きました。現在は事務所を知名、製造工場を田皆に置いています。

沖永良部島の蔵のほとんどが、米の倍量の黒糖を用いて焼酎を造りますが、新納さんも同じく、ひと仕込みに黒糖600キログラム、米300キログラムを使います。麹（こうじ）はタイ米に白麹造り。黒糖は沖縄産とボリビア産を使用。仕込み水には島の硬水を用いますが、割り水には逆浸透膜式の浄水機で処理した水を使用していて、純水に近いため原酒の持ち味がストレートに表れます。沖永良部島では地下の洞窟を流れるクラゴウ（暗川）と呼ばれる川や、ホーと呼ばれる泉が貴重な水源として利用されてきました。蔵で使う冷却水は、集落に伝わるクラゴウから引いています。

一次仕込みから三次仕込みまでを、約4キロリットル容量の大型ホーロータンクひとつで仕込むのが、造りの特徴。一次もろみに、蒸気で溶かした黒糖を二回に分けて加え、じっくりと発酵させながら黒糖の風味を引き出しています。

平成21（2009）年発売の「天下無双（てんかむそう）」では、鹿児島県工業技術センターが開発した、常温の一次もろみに黒糖を直接投入する製法をいち早く取り入れ、黒糖らしい甘く豊かな風味を実現しました。

蒸留機は、常圧蒸留機・減圧蒸留機をそれぞれ銘柄により使い分けています。減圧蒸留機の釜には、

水連洞

「仕次ぎ」法で5年貯蔵。40度。昭和51年の原酒を「仕次ぎ」法で熟成させた「水連洞秘蔵酒」もある。

2003年にソムリエの田崎真也氏が取材で訪れた際に「ひとしずくの大切さ」と記したサインが残されています。

蒸留後の原酒は、冷却ろ過を経て貯蔵しますが、その際に使用するのは、酪農用のミルククーラー。蒸留したての温度28度ほどの原酒を温度5度位まで冷却すると、原酒に溶け込んでいた油脂分が浮き出るため、雑味の原因になる不要な油脂分を効率よく取り除くことができます。

代表銘柄の「天下一（てんかいち）」は1年間以上貯蔵。ほかに泡盛と同じ「仕次（しつぎ）」法で5年間以上貯蔵した古酒銘柄「水連洞（すいれんどう）」などがあります。貯蔵年数ごとに貯蔵タンクを分けて、半年から1年おきに貯蔵年数の近い原酒を注ぎ足していくことで、アルコールの蒸発による原酒の減りや風味のボケを補いながら長期熟成が可能となります。

新納酒造株式会社（見学可・要予約）
大島郡知名町田皆2360
0997-93-5232

与論島

ヨロンケンポウの島。与論島

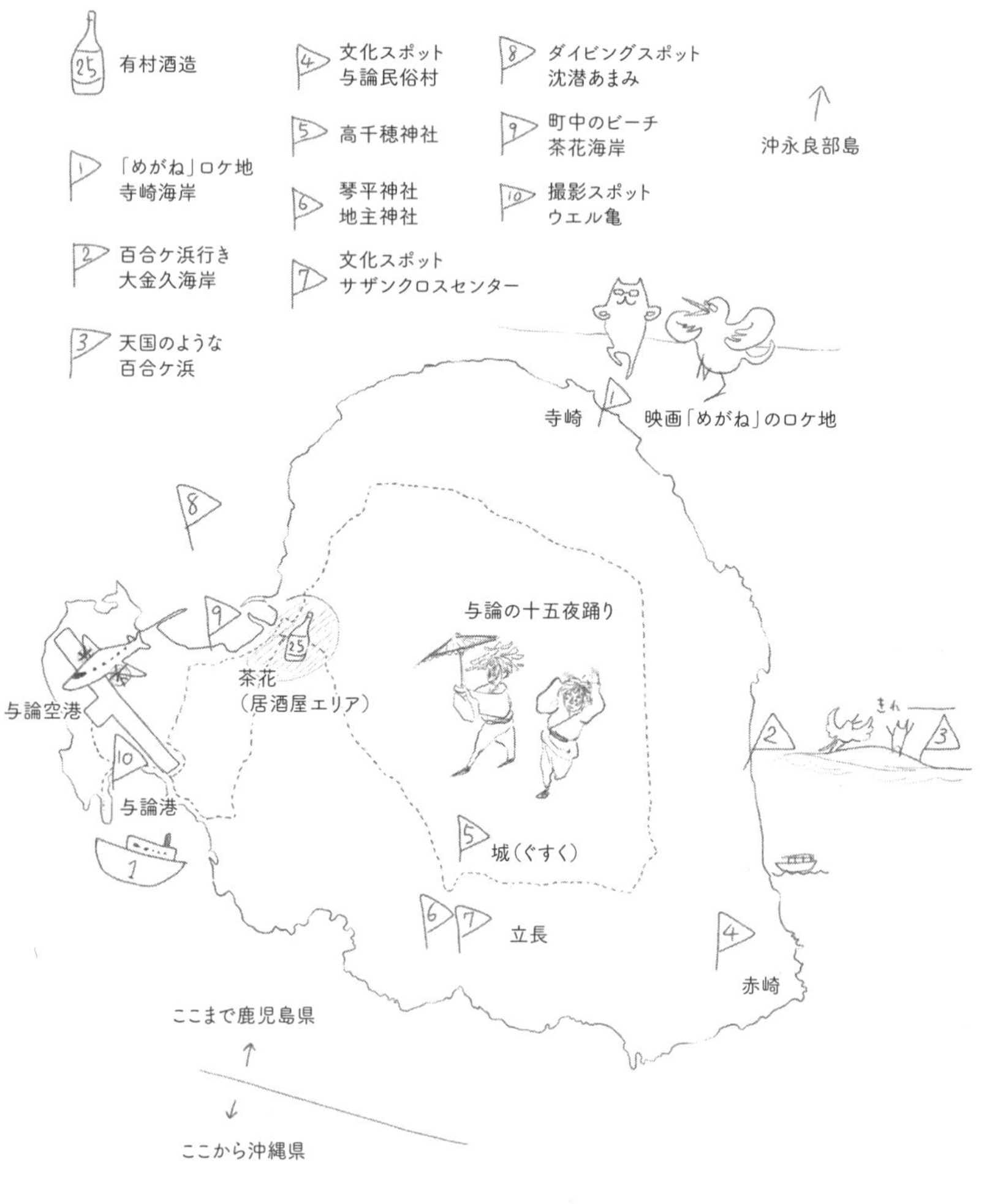

【　与論島（よろんじま）・与論の十五夜踊り（よろんのじゅうごやおどり）】

与論島には、毎年旧暦の三月・八月・十月の十五日の豊年祭に奉納される「与論の十五夜踊り」という芸能があり、国の重要無形民俗文化財に指定されています。十五夜踊りは琉球時代の城跡である与論城（グスク）にある地主（とこぬし）神社で行われ、雨乞いと島の平和を祈願して奉納されます。十五夜踊りの日には、島内外から地主神社に人が集まり、踊りを見物する宴が催されます。まだ明るいうちから境内のあちこちで与論献奉の杯が交わされ、祭りの晩は、次第に熱気を帯びていきます。

与論島の歴史処

日本が第二次世界大戦で敗けた日からアメリカに統治されていた奄美群島《あまみぐんとう》は、昭和28（1953）年沖縄より一足先に日本に返還された。それから昭和47（1972）年に沖縄が日本に復帰するまで、与論島《よろんじま》とすぐそこに見える沖縄本島の間が、アメリカと日本の国境だった。歴史の流れをみると、奄美群島のほかの島と同じく、琉球、薩摩、アメリカ、日本といろんな国の統治下に置かれた時代があって、今は限りなく沖縄に近い、鹿児島県最南端の島である。そんな与論島に暮らしている人の気分は、鹿児島なのか、沖縄なのか。島人に聞いてみると答えは明快で、

「ヨロンはヨロンですよ」

だった。周りを海に囲まれた離島は、ある意味、島の外はすべて海外である。鹿児島なのか、沖縄なのかは、海外事情を含む話。少なくとも正しいのは「私は私」である。島に行くなら、ただ遊ぶだけじゃなく、その歴史文化までのぞいたほうが、島で見かけるめずらしいものの存在理由まで知れて、いろんなことに納得できる。

与論島にはいくつか歴史処があって、丘の上にある「サザンクロスセンター」の展示室をぐるっとまわると、与論島の歴史文化を読むことができ、「与論民俗村《よろんみんぞくむら》」に行くと、かつて

サザンクロスセンター
大島郡与論町立長3313
0997-97-3396

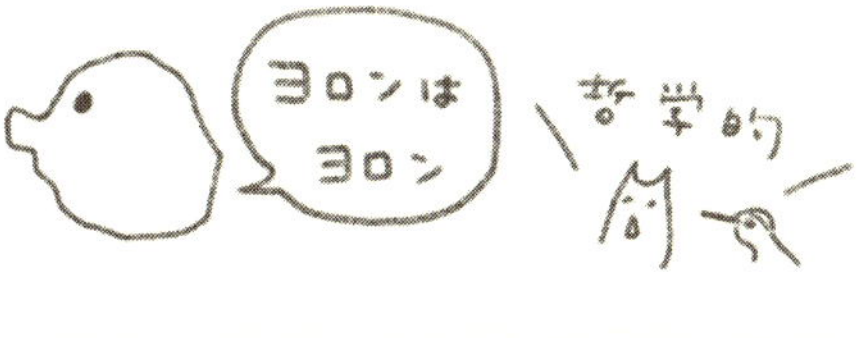

島で当たり前に使われていた生活道具の数々があり、染物などの体験をすることもできる。

島の歴史文化に詳しい「与論民俗村」の菊秀史《きくひでのり》さんは、与論島を知るうえで必ず会っておきたい人である。「与論民俗村」は秀史さんのお母さんがはじめた私設資料館だ。昭和30年代、高度経済成長期の日本では、テレビ、冷蔵庫、洗濯機などの文明機器が広がり、島にも少しずつ便利な道具が入ってきた。しかし、その一方で、それまで培われてきた生活の知恵や、文化が失われていく状況があり、

「与論の文化と島人の歩みを伝えなければ」

と、感じた菊家の人々は、生活道具の収集を開始。今や貴重な資料が残る場所となった。

民俗村の敷地には、円錐型の茅葺の家が立ち並び、かつてサトウキビを絞るために使っていた道具から、漁で使っていた道具、酒を造っていた甕《かめ》などのいろんな生活道具を見ることができる。現代人である我々には、どう使ってよいのか分からないものが多いので、秀史さんに聞いてみると、天井からぶら下がった籠《かご》は赤ちゃんのゆりかごで、同じく天井からぶら下げられているチクチクしたハリセンボンは、ネズミよけらしい。

敷地の奥には、沖縄でよく見る赤瓦の家がある。

「かつて与論島には沖縄から赤瓦や甕が入ってきていました。しかし、戦後の米軍統治時代に日本とアメリカに切り離されてしまった時代が長かったから、その間に赤瓦の家も減っ

与論民俗村
大島郡与論町東区693
0997-97-2934

てしまったんです」

すぐそこに沖縄本島が見える与論島は、沖縄との交流も深かった。実際、くじらの夫は沖縄出身で、夫のおじいちゃんはかつて、やんばる船（まーらん船）に乗って、与論島にも出かけていたという。

もしも戦争がなかったら、今も与論島には赤瓦の家がたくさん立ち並んでいたかもしれない。そんな想いもしかり、「与論民俗村」にある建物や民具の一つひとつから、「ヨロンはヨロン」という与論島のアイデンティティがどうやって育ってきたのかを見ることができる。

女子に優しい島

見た目でいえば、与論島《よろんじま》の地形はぺったんこだ。『奄美群島時々新聞《あまみぐんとうときどきしんぶん》』の取材でお隣の沖永良部島《おきのえらぶじま》に滞在していた時、沖永良部島から与論島をながめて「パンケーキみたい」と言った人もいた。確かに、平たい与論島は海面にふんわりかぶさったパンケーキのようにも見える。

パンケーキといえば、女子たちの好物で、与論島も女子が大好きな島である。与論島で

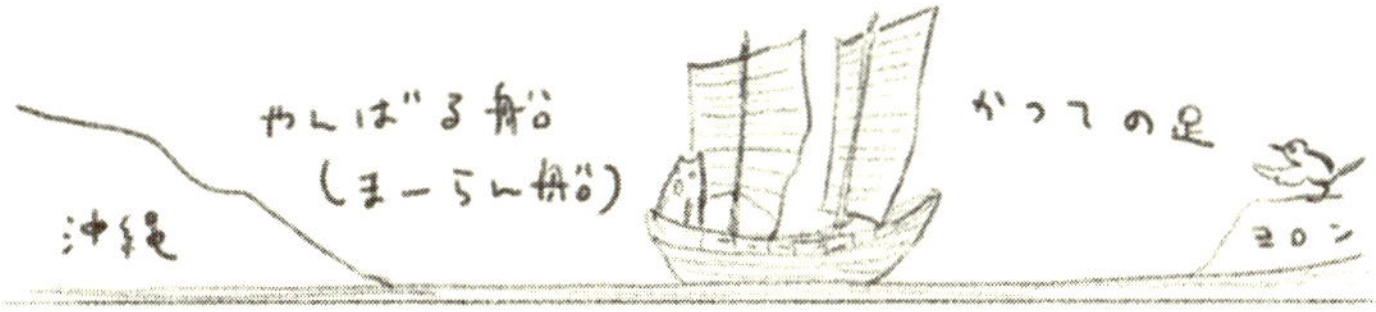

撮影された映画『めがね』では、主人公たちが美しい島で黄昏《たそがれ》るシーンが登場するが、映画に出てくる美しい風景にあこがれた女子が、ひとり旅でふらりと訪れることも多いという。

島には高い山もビルもない。だから、どこにいても空が広く見えて、ビーチに出れば、真っ青な空の下に真っ白な砂浜が広がる風景に出会える。そこに打ち寄せる波は、青というよりも透明で、じっと波を見ていると、都会の生活で抱え込んだストレスが、ささーっと流れ出し、そのうち悩んでいたことがすべて「まあいっか」に変わる。

日本の島にはどこにでもビーチがあるわけではなく、ビーチがあっても白い砂が続く島は、限られる。そのなかで、小さな島に60もの真っ白なビーチがある与論島は、その質量とも群を抜く。

白い砂はスキー場のゲレンデさながら、レフ板の役目を果たしてくれる。だから、携帯カメラで簡単に撮った写真も、加工せずともおしゃれに仕上がり、女子の七難を隠してくれるような気がする。さらに島には、かわいいカフェや宿もあるから、最近では女性誌に、「天国に近い楽園」「死ぬまでに一度はいきたい場所」として紹介されていたりする。

与論島には、白砂の最高峰として名高い、まぼろしの浜「百合ヶ浜《ゆりがはま》」がある。『奄美群島時々新聞』の取材で百合ヶ浜を訪れたくじらとくっかるも、多くの女子同様に、その美しい光景に陶酔した。

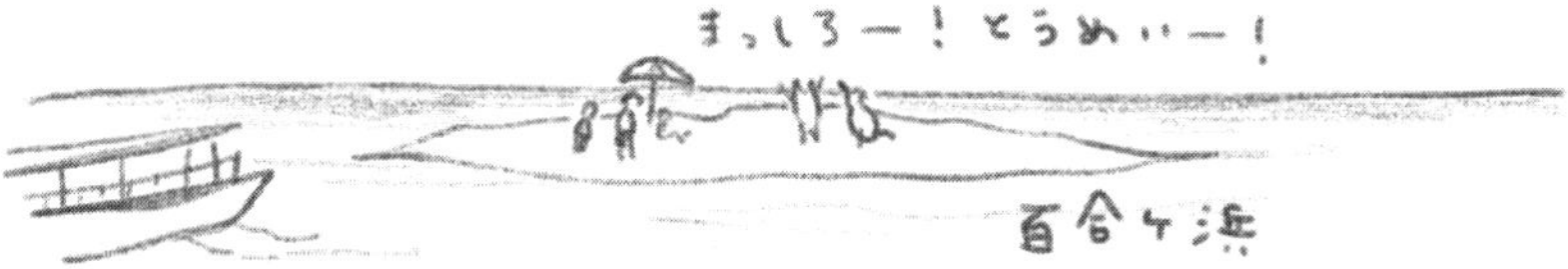

百合ヶ浜は、潮が引いてしまう干潮時だけに現れる砂地で、その時になると海水に洗われたきれいな砂が顔を出す。島の東側にあるビーチから小舟に乗り込み、透明な海を1・5キロメートルほど進んだところに現れた砂地は、浜辺とは比べものにならないほどきれいだった。

遊ぶといっても、実のところくじらは泳げない。島の仕事をしていてもほぼ海に入ることはなかったのだが、百合ヶ浜の海は子ども用プールのように浅くて、波もおだやか。絡みついてくるような藻もない。太陽を受けてきらきら優しく光る海はさすがに怖いと思えず、深さ30センチほどの場所に腰をおろして足を伸ばすと、なんとも気持ちが良い。水加減は少しぬるめで、そよそよと打ち寄せる波はマッサージのよう。まるでタラソテラピーにつかっているような気分だ。

ゆっくり、ゆっくり、寄せては返す波は限りなくやさしいし、少し遠くを見るとエメラルドグリーンに輝いている。ああ、このまま溶けていくのも悪くない。「天国」とうたう広告物はうそっぽくて疑ってしまう性分だが、百合ヶ浜なら天国の表現にも納得である。

白い砂浜と透明な海には、肩を寄せ合うカップルの姿もちらほら。こんな場所で愛を語り合うのは、さぞロマンチックだろう。

昭和の時代、与論島には「島ブーム」に湧いた時期があり、日本中から押し寄せる観光客が島に溢れたらしい。百合ヶ浜から島に戻る船にゆられながら、この島でいろんな恋が生

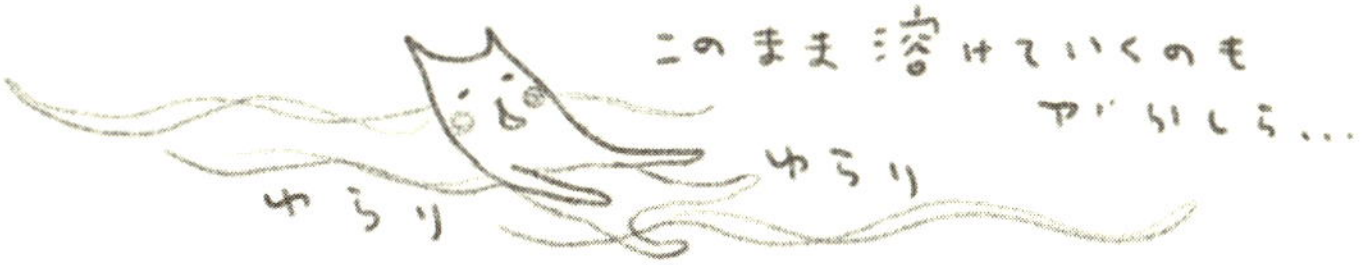
このまま溶けていくのも
アリかしら…
ゆらり
ゆらり

まれたんだろうなあと妄想していたら、同乗していた女性が海をみて、

「きれい〜」

と声をあげた。すると、日焼けしたサングラスのおじさま島人が、すかさず、

「君のほうがきれいだよ」

と、一言。さも使い慣れた文句のように、そんな言葉が出てくるのは、テレビドラマくらいじゃなかったのか。きっと島ブーム時にはそんな言葉が飛び交っていたのだろうと、心がときめいた。

そういえば、私が出会ってきた与論島の島人には、良い意味で女子に優しい人が多く、『奄美群島時々新聞』で与論島を担当していた20代のパナウル王子は、「君のほうがきれいだよ」のおじさま島人を例にあげつつ、

「先輩方にはまだまだかないません」

と言っていた。心を溶かすのは風景だけではないのか。与論島には女子心をくすぐる場面が多い。

ヨロンケンポウの島

与論島《よろんじま》は、奄美群島《あまみぐんとう》および呑んべぇ界では言わずと知れた「ヨロンケンポウ」の島である。

「与論島の黒糖焼酎『島有泉《しまゆうせん》』は20度、25度、30度で展開していますが、島で流通するのは20度がメイン。生（き）で一気飲みすることが多いので、黒糖焼酎としては低めの20度に割水してあるんですよ」

と、くっかる。知らない人は、「生（き）で一気飲みすることが多い」の時点でハテナだが、それこそが与論島の飲酒作法「与論献奉《よろんけんぽう》」なのだ。くっかるの説明を聞いてみよう。

「与論島には、宴会の場に集まった一人ひとりが口上を述べ、杯を一気飲みしては次の人にまわしていく『与論献奉』という作法があります。全員自己紹介などをしてはじまるから、知らない人同士も打ち解けやすい。1巡するだけじゃもの足りなくて、2巡3巡と回すこともあります」

くじらははじめて与論島を訪れた時、島の伝統行事のさなか、出会った島人がいきなり与論献奉をはじめて、目を丸くした。

沖縄・宮古島《みやこじま》には「オトーリ」というケンポウに似たお作法がある。オトーリの意味は「御通り」で、もともとは祭祀で御神酒を飲むときのお作法に由来しているらしい。オトーリの

場合、宴会の場で「親」となる人が杯（さかずき）に酒を注ぎ、口上を述べて一気に飲み干して、その杯をその場にいる参加者でまわし、杯を渡された人は酒を飲み干して、黙って親に返す。「黙って」という部分に荘厳さを感じるが、与論献奉では、「ケンポウ」の音が拳法や憲法を連想させるものの、杯を渡された人がむしろスピーチをするウエルカムドリンクの意味が強い。

厳格な風習なのか？　ウエルカムドリンクなのか？　この島で与論献奉が生まれた理由を探していたくじらに、与論民俗村の菊さんが教えてくれた。

「『ケンポウ』の語源は『日本国憲法』なんです。戦後に『日本国憲法』ができた頃、『憲法は守らなくてはならないもの』だから、人にお酒を勧める時に『これは俺の気持ちだから飲みなさい』という意味で、『俺の憲法だから』と使いはじめたのです」

なんと。あまりの定着率に長い歴史があると思っていたが、意外にも最近できた風習であることが判明した。

「最初は島人同士で『憲法』と言っていたのが、宿の人たちが観光客を歓迎する時に『与論の憲法だから君たちも飲まないといかんのだよ』と使いはじめたんです。だから、はじめは『与論の憲法』だったんですが、いつのまにか『の』が取れて『与論憲法』になって、『献じる』『奉る』の意味が加わって『与論献奉』になったんですよ」

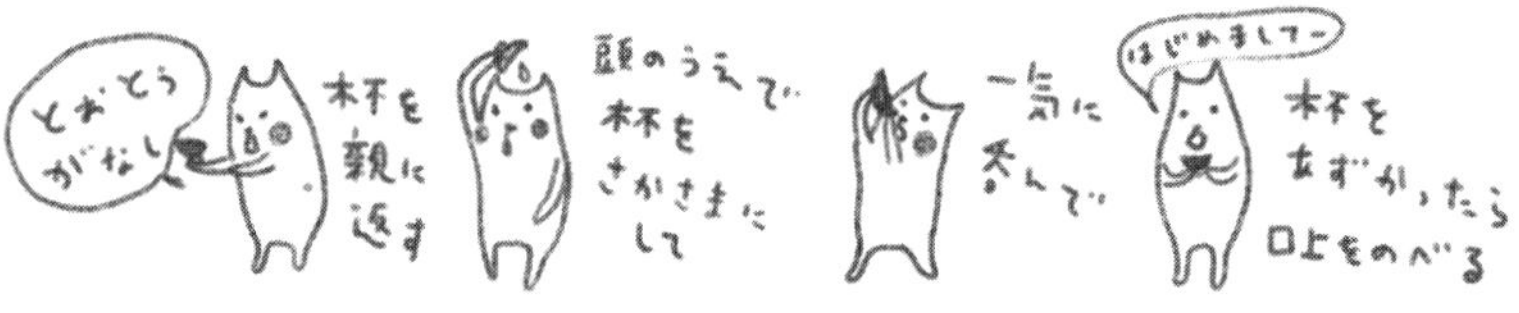

そう聞いて「はて?」とくじらは思った。だって、くじらが初めて与論島に行った時に見かけた「与論献奉10ヶ条」には「永禄4年（1561年）から施行」と書かれてあったからだ。

「……あれは、誰かが面白おかしくつくったものです。最近は、この流れを知らない若者も増えてきたから、本当だと思っている人もいるんですよね」

そんな背景があったとはつゆ知らずだったが、それにしても、くじらが出会った与論島人は、みんな与論献奉が大好きだった。

「ほかの島にいても、与論島出身者がひとり混じると与論献奉の確率がグッと高まるんです。そういう意味で、与論出身者は危険視（笑）されがちかも。本人たちも、自分の位置付けを自覚していてお約束的に仕掛けてきたり……」

と、くっかる。与論島人の与論献奉好きにはくじらにも覚えがあって、東京で毎年開催されている「与論島ファン感謝祭」に出かけた際、二次会で与論献奉がぐるぐるまわって足元をすくわれた。

ただ、くじらが出会った与論島人には、ひとりだけ「ケンポウ反対」を唱える人がいた。なぜ反対かといえば、その場にお酒を飲めない人がいて、強要してしまうことになってはかわいそうだというジェントルマンな気持ちが理由にあるからで、酒飲みばかりの席では本人も普

通に与論献奉に加わっているところを見ると、島文化としての与論献奉を根っから嫌うような気持ちはないようだった。

ちなみに、例の与論献奉10ヶ条によると、「お客様への感謝や歓迎」の想いを込めて、出会った人同士の「心の扉を開く」ために、このお作法があるとされている。

くじらは元来、人見知り人間なので知らない人と打ち解けるために酒の力を借りてきた節がある。与論献奉のコンセプトは「心の扉を開く」ことであるから、これには強く共感する。

ちなみに与論献奉は、けして一気飲みの強要ではなく、あくまで、同じ場にいる人たちが一人ひとり自己紹介をしたり、気持ちを伝えたりする時間が等しく与えられるルールである。むしろ、声の大きな人だけが喋るわけではなく、皆が等しくコミュニケーションでき、打ち解けられるという画期的な方法なのだ。そしてくっかるがいう。

「与論献奉をするなら、やっぱり『島有泉』が欠かせませんね」。

【与論献奉10ヶ条】与論献奉は、島の永遠の繁栄を祈願し、お客様に感謝し心から歓迎して町民の誠の心を献上するもので、永禄4年（1561年）から施行された。

第1条　与論献奉は、お客様に感謝をし心から歓迎して、町民の誠の心を献上するものである。

第2条　与論献奉は、町民の真心を主賓に献上してから、関係者全員に施行する。

第3条　与論献奉は、平等に施行し何人たりともこれを断ることはできない。

第4条　与論献奉は、適物適量をひとり一回だけ施行する。

第5条　与論献奉施行者は、施行前に口上を述べ、味見をしてから施行する。

第6条　与論献奉施行者は、主賓などの適量を誤ってはいけない。

第7条　与論献奉受杯者は、自己紹介など口上を述べてから受杯する。

第8条　与論献奉施行中は、何人たりとも離席せず私語を慎み、受杯者のスピーチを拝聴しなければならない。

第9条　与論献奉施行者は、献奉を終了したらご苦労杯を受け、献奉の終了したことを全員に報告しなければならない。

第10条　与論献奉施行者は、施行中の一切の権利と義務を負うものである。

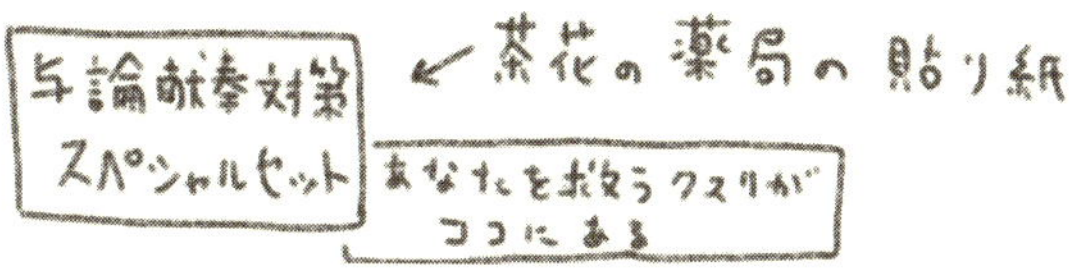

とぉとぅがなし

与論島《よろんじま》には別名があり、その名を「パナウル王国」という。その心はと聞けば、「パナ」が「花」で「ウル」が「サンゴ」の意味らしい。茶目っ気のある名だが、公式なもののようで、仕事でご挨拶したヨロン島観光協会長の名刺には「パナウル王国大統領」と書かれてあった。「パナ」のように、与論島の言葉には「。」がつくことが多いらしく、スーパーで見かけた「ハンダマ（別名：金時草。沖縄地方ではハンダマという紫色の葉野菜）」には「パンダマ」と書かれてあった。「。」がつくせいか、与論島の方言には愛嬌を感じるものが多い。

方言といえば、奄美群島《あまみぐんとう》には驚くほど多彩な「ありがとう」がある。代表的なものでは、奄美大島《あまみおおしま》の「ありがっさまりょーた」、喜界島《きかいじま》の「うふくんでーた」、徳之島《とくのしま》の「おぼらだれん」、沖永良部島《おきのえらぶじま》の「みへでぃろ」、与論島《よろんじま》の「とぉとぅがなし」など。本土の人間からすれば、すぐそこにある島なのにここまで違っていることを不思議に思うほどだ。

そんななかでも、わたしは与論島の「とぉとぅがなし」が好きである。

「とぉとぅがなし」は漢字では「尊加那志」と書く。

与論島の民具と集めて展示している「与論民俗村」の貼り紙には、「とぉとぅがなし」の意味についてこう書いてあった。

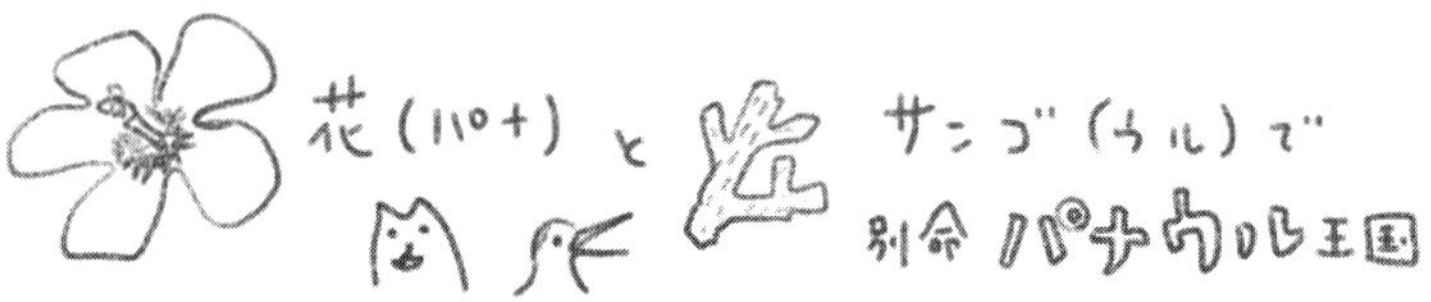

“「尊加那志《とぉとぅがなし》」とは感謝の意を表す与論の言葉です。

「尊」は文字通り「尊い」の意味。「加那志」は当て字で「愛《かな》し」から由来する「親愛」「敬い」の意を表す接続後です。現代語の「様」「御」に相当します。

「加那志」を「がなし」と読むのは文法用語でいう「連濁《れんだく》」で、「星」に「空」が付くと「ほしぞら」、「草」に「花」が付くと「くさばな」と言うのと同じで、「尊」に「加那志」がつくろ「とぉとぅがなし」と言います。「加那志」は以下のようにも持ちます。

「ヤー（家）」＋「加那志」で「ヤーガナシ（ご邸宅、お住まい）」

「グワー（子）」＋「加那志」で「クワァーガナシ（お子様、ご子息、ご令嬢）」“

砂浜は真っ白で、海はすっきり透明。すっきり美味しい島酒で客人をもてなす島人たちには、からりと明るいイメージばかりあるが、ここはやっぱり離島。台風の常襲地帯で、水も豊富にない環境で、島人たちは互いに支え合い生きてきたわけだ。

晴れた日には美しいばかりの自然でも、嵐の日には呪いたくなるほどの苦しみを与えることもある。そんな島に暮らす人間同士が、お互いを「尊く」「愛しく」思う気持ちが、与論島の「とぉとぅがなし」に込められているように感じる。

「言葉はその人の運命をつくる」というような偉人の言葉を見かけたことがあるが、人間の優しさを感じる与論島人の雰囲気は、毎日何度も口にするあいさつも影響しているのかなと思う。

与論の十五夜踊り

与論島《よろんじま》には「与論の十五夜踊り《よろんのじゅうごやおどり》」という行事がある。

十五夜と聞くと、ついお月さまを思い浮かべがちだが、与論島の十五夜踊りはお月見ではなく、毎年旧暦の三月・八月・十月の十五夜に行われる豊年祭で、島の神社に奉納される芸能のこと。国の重要無形民俗文化財にも指定される、由緒正しい行事である。

パンケーキのように平べったい与論島のなかで一番高い部分には、琴平《ことひら》神社と地主《とこぬし》神社という2つの神社がある。十五夜踊りでは、島人たちがこの2つの神社に、自らの「嶋中安穏」「五穀豊穣」「無病息災」を祈願し、奉納される。

「与論に初来島した夜に、与論の十五夜踊りというお祭りに行ったんです」

と、くっかる。くじらもはじめて与論島へ行った時、この行事を見に行った。神社の外で

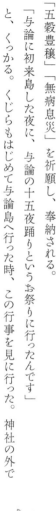

行事のはじまりを待っていると、装束に身を包んだ男たちが、トントントントンと太鼓を叩きながら大きな旗をかついで、会場のほうへ進んでいった。

男たちが会場の広場に旗を立てたところから、行事がはじまるらしい。風にはためく旗に書かれてある文字は「嶋中安穏」。この言葉は、神社に下げられている絵馬にも書かれていた。

「踊《おどり》」が行われる広場を囲むようにテントが立ち、ゴザを敷いて座る島人から、車椅子のおじいちゃんおばあちゃんまで、行事のはじまりを待っていた。次々と集まってくる島人を見ていると、それぞれがお決まりのように熨斗《のし》を巻いた一升瓶と包みを持っている。

あとで知ったことだが、これは「一重一瓶《いちじゅういちびん》」という島の文化で、集まりごとがあると、食べ物と飲み物を持って集まる習慣だという。

十五夜踊りには「雨乞い」の意味がある。十五夜踊りのはじめには、雨乞いの踊りがあって、黒頭巾に黒装束の踊り子たちがゆっくりと円を描きながら雨乞いの言葉を唱える。

「アーミタボーリーターボーリー（雨たぼり、雨を降らせてくださいの意味）……」

すると、不思議なことに空からパラパラ……。いまにも降り出しそうだった空から、実際に雨粒が落ちてきたのだ。この体験は、くっかるにも覚えがあった。

「私の時もそうでした。雨乞いなんて昔話の世界だと思っていたのに、びっくりしました。

その時の雨はすぐに止んでしまったけど、宿に帰ってしばらくした真夜中ごろ、土砂降りの雨に。みんなが雨に濡れないように、神様が計らってくれたんでしょうか。とても原初的な『祈り』というものを見せられた体験で、忘れられない想い出になっています」

会場では与論献奉《よろんけんぽう》で「島有泉《しまゆうせん》」を飲んでいたが、その雨は酔いが見せたものではなく、本物だった。

ヨロンのウエルカム酒「島有泉」

グラスに注いだ「島有泉《しまゆうせん》」は、氷も水も入れないまま口をつけても、すっと飲めてしまう軽さがある。その味わいは、少しだけ甘くて、すきっと透明。まるで真っ白なビーチと透明な海がどこまでも広がる与論島《よろんじま》の海のように、クリアなイメージだ。

実家へのお土産にと、くじらが「島有泉」を持って帰ったとき、くじらの母はこの酒がどんな酒か知らずに、「飲み会でいつまでも飲んでいられるお酒」と評していた。母の感覚はある意味、大正解。「島有泉」は、生《き》で一気飲みをする与論島の飲酒作法「与論献奉」で飲まれる酒だからだ。

「島有泉」を造る有村酒造《ありむらしゅぞう》は、与論島の役場や図書館がある中心集落、茶花《ちゃばな》にある。町の風景にとけこんでいる蔵でも、近づくと醤油や味噌にも似た、独特の香りが鼻先に届く。ここまで黒糖焼酎本を綴ってきた手前、焼酎造りに詳しくなったくじらだが、実は、はじめて訪れた黒糖焼酎蔵が有村酒造だった。

蔵をはじめて訪れる酒好きにとって、蔵のなかで目に映るものはすべてがめずらしい。大きめの公民館ほどの蔵におじゃまするど、米を洗って蒸す「ドラム」（という業界用語も今では当たり前に使えちゃう）を「でっかい業務用冷蔵庫みたい」だと思い、たくさんのスイッチが

島有泉 20度（白麹・常圧蒸留）
生で飲むことの多い島の風習に根差した20度の代表銘柄。

ついた電子制御盤に目を丸くし、理科の実験で使うようなぐるぐるまいたガラス瓶のようなものが、酒の度数を測る道具と知ってときめき、酒瓶を洗う洗瓶機を洗車マシーンのようだわと、楽しんだ。

蔵のなかで我が出番を待ち構えている機材や道具は、素人にはどう使うかわからない。だけど、一つひとつが大好きな焼酎を造る大事なものであることはわかる。くっかる曰く、この蔵にある機材や道具のメンテナンスは代表の有村晃治《ありむらこうじ》さんが自分でやっているらしい。

「晃治さんは、もともと技術系の人で、酒造用の機材の改造やメンテナンスなども自分でこなしてしまいます。機材のなかには、晃治さんが自ら設計したものもあるんですよ」

たとえば、仕込みに使う黒糖のかたまりは一袋《いったい》30キログラムあり、黒糖を運んで蒸気で溶かす作業は重労働。そこで、作業効率を考え、自身でオリジナルの溶解機を設計し、使っている。

「島でお酒を造る場合、必要な機材の調子が悪くなっても、内地のようにすぐメーカーさんに来てもらうわけにいかないところが悩みの種なんです。仕込みがはじまってしまうと、麹《こうじ》や酵母《こうぼ》は生き物なので、待ったなしですし」

と、くっかるが眉を曇らせる。ここにある道具の大半は、島の外からやってきたもの。都会であれば、ものが壊れたら修理を頼めばいいが、人口５０００人の島にメンテナンスの専

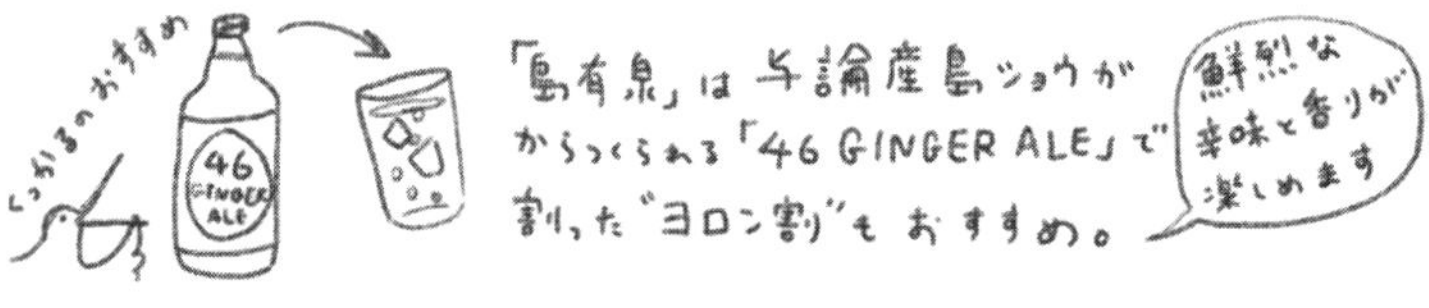

門家はいない。

「黒糖焼酎に限らず、島でものづくりをしていると、必要に迫られて、ということが多々あるようです。だから皆、ある程度自分でいろいろいじったり、創意工夫するようになるのかもしれません」

蔵の地面には、床面がカパっと開く蓋がある。蓋をあけて中をライトで照らすと、水面（ただしくは酒面）に膜がはっているような液体がみえた。

「蒸留後の原酒を地下タンクに入れているんです」

蔵の奥に並ぶ甕《かめ》も下半分が地中に埋まっている。甕が地中に埋まっている理由は、気温の影響を受けにくくして、もろみの発酵を管理しやすくするためだ。原酒を地下タンクに貯蔵するのは台風などの自然災害対策のためで、地下に貯蔵した原酒は安定した環境でじっくりと熟成が進むらしい。

甕をのぞくと仕込み中のもろみが入っていた。水、米、麹、酵母、黒糖がゆっくり発酵し、酒を造る甕。有村酒造の奥で地中に埋まっている甕やタンクが、島有泉の「泉」であった。

島有泉 25度

通常よりやや高めの度数で、コクと香りをより味わえる。25度。

水が貴重な島の酒

サンゴ礁が隆起してできた与論島《よろんじま》は、ほかの島に比べると湧きでる水の量が少ないため、水の苦労が絶えなかった歴史がある。

「島には水源が少なく、水道が整備されるまでは、天水を貯めたものをろ過して割水に使っていた時代もあったんです。島の人たちは、大きな木の幹に縄を括って、縄の先を甕《かめ》の中に垂らして天水を集め、生活用水にしていたそうですよ」

と、くっかる。天水を集める縄と甕の実物は、「与論民俗村《よろんみんぞくむら》」の展示で目にしていた。技術が進歩した現在は、地下から汲み上げた地下水や、海水を淡水ろ過した軟水を使用しているが、かつては、縄から垂れる貴重なしずくを人々は暮らしに使っていたのだ。

水が貴重な島で造られた酒と知ると、一滴だってこぼしちゃいけない気持ちになる。与論献奉《よろんけんぽう》の所作では、飲み干したコップを逆さまにしないといけないので、酒のしずくがぽたぽた落ちて、申し訳ない気持ちになるが、現代の島人たちは、ちょっぴりこぼれ落ちても気にせずカパカパ飲んでいるので、島有泉《しまゆうせん》をカパカパ飲めるようになった現代技術には感謝である。

そんな泉から湧きでる（正しくは、有村酒造《ありむらしゅぞう》が造りだす）「島有泉」は、島でどれくらい飲まれているのだろう？　気になったくじらは頭のなかで大雑把に試算をしてみた。与論

島の人口は約5000人で、酒を飲まない人口を半数とすると、飲酒人口は2500人。有村酒造は島唯一の蔵だから、島内出荷量は島内の黒糖焼酎消費量に近い。ならばと、島内出荷量を尋ねると、

「島内だけだと、ひと月に3000本から4000本。年末は約1万本ですね」

2500人で1万本！　単純計算なら、一人あたり4升である（あくまで大雑把な試算だが）。

与論献奉にはウエルカムドリンクの意味があるが、すでに旧知のなかである友人、同僚、親せきとの飲み会の席でも与論献奉で飲酒が進む。「それじゃウエルカムじゃないじゃん！」なんてことはさておき、陽気な与論島の方々だけに、ふるまい、ふるまわれるなかで、気づけば一升くらいぺろりなのかもしれない。

島有泉 35度（白麹・常圧蒸留）
度数を高めに、どっしりとした味わいに仕上げている。35度。

●くっかるの酒蔵案内・有村酒造（ありむらしゅぞう）

有村酒造は、与論島唯一の焼酎蔵として昔から地元で愛されてきました。アメリカ軍政下の昭和22（1947）年に有村栄男（ありむら・えいお）氏が創業し、翌年酒類の製造免許を取得し、製造工場を設立。昭和38（1963）年に初代・有村泰治（ありむら・たいじ）氏が蔵を譲り受け「有村泰治酒造工場（ありむらたいじしゅぞうこうじょう）」として創業しました。平成5（1993）年に「有村酒造株式会社」として法人化し、今に至ります。

現代表の有村晃治（ありむら・こうじ）さんは、大学を卒業後、帰島して間もなく二代目の有村雅雄（ありむら・まさお）氏が亡くなり、父に代わって蔵を引き継ぎました。蔵の至る所に技術者系のアイデアが光っていて、腰ほどの高さの黒糖溶解槽は、晃治さん設計の特注品。高いタンクに昇り降りして重たい黒糖を運ぶ労力がなくなり、作業効率が格段に向上したそうです。

麹（こうじ）はタイ米に白麹仕込み、黒糖は沖縄産黒糖を数種ブレンド。ひと仕込みに黒糖840キログラム、米480キログラムを使用しています。仕込み水は、隆起サンゴの島ならではのミネラル豊かな地下水。島の地下水は超硬水のため、割水には海水を汲み上げて淡水化した軟水を用い、まろやかな口当たりに仕上げています。平坦で川がない与論島では、かつては天水が手に入る唯一の軟水でした。そのため屋根から屋外タンクへ天水を集めて濾過した水で割り水をしていた時代もあったそうです。

麹造りは全自動のドラム式製麹機ですが、昔ながらに一次・二次とも甕（かめ）仕込みしているのが特徴です。昭和30年代〜40年代から使い込まれてきた32個の甕を使い、24時間空調の効いた仕込み室で、もろみを管理しています。

蒸留は、原料の風味を引き出す常圧蒸留です。容量1トンの蒸留機は、創業時から使われていると思しき年代物

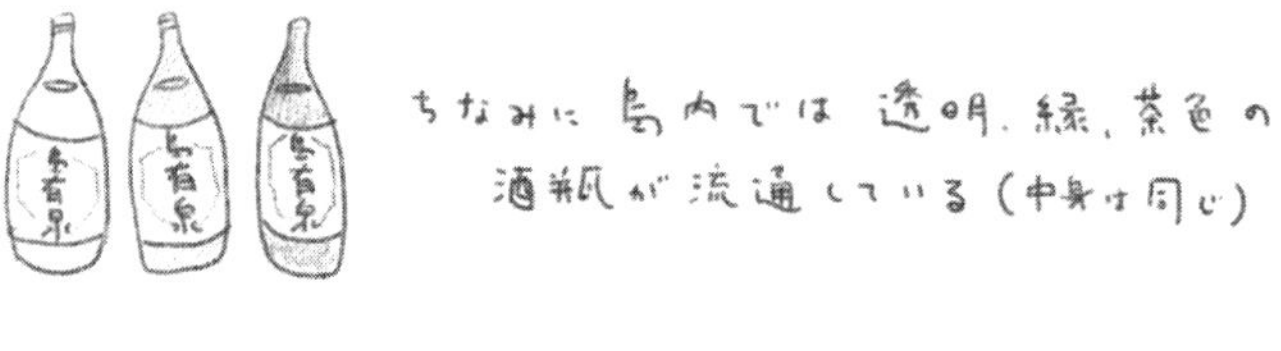
島有泉
島有泉
島有泉
ちなみに島内では透明、緑、茶色の
酒瓶が流通している（中身は同じ）

です。

蒸留した原酒の一部は、台風などの強風を避けられる地下タンク（容量5・3キロリットル×3本）で貯蔵しています。ほかに、ホーロー製やステンレス製の貯蔵タンクも備えています。半年ほどの熟成期間を経て、割り水後に10日ほどおいて水とアルコールを馴染ませてから出荷しています。

代表銘柄は、平成26（2014）年に「有泉（ゆうせん）」から「島有泉（しまゆうせん）」へ変更されました。与論献奉をするなら、20度の「島有泉」が欠かせません。

有村酒造株式会社（見学可・要予約）
大島郡与論町茶花226-1
0997-97-2302

くっかるの島酒講座 その①

黒糖焼酎の歴史

世界最古の蒸留技術は古代ギリシャが発祥といわれ、イスラム帝国で「アラック」という蒸留酒が誕生すると、ユーラシアの東西、アメリカ大陸へ製法が伝わり、各地の醸造酒から蒸留酒が造られるようになりました。奄美《あまみ》での焼酎製造の始まりは定かではありませんが、タイから琉球経由で製法が伝わったとみられます。1609年に奄美の島々は薩摩藩の支配下に置かれ、その14年後に藩は焼酎の貢納を命じていることから、この頃には既に蒸留の技術が伝わり、焼酎が造られていたようです。

江戸時代に奄美大島《あまみおおしま》へ遠島された薩摩藩士・名越左源太《なごやさげんた》が記した『南島雑話《なんとうざつわ》』（1850〜1855）には、シイの実や粟、ソテツなど、さまざまな材料を使用した焼酎造りの様子や、サトウキビの絞り汁を使う「留汁焼酎《とめじるしょうちゅう》」の記述があります。ただし、この時代、黒糖は藩の専売となっていたため、庶民が勝手に扱うことは許されておらず、製糖期間中は焼酎を蒸留するための「コシキ」を封印され、焼酎造りは禁じられていたそうです。

明治時代に入ると泡盛の製法が沖縄から伝わり、自家醸造が盛んになりました。焼酎は味噌や醤油のように家庭で造り、家庭で消費されていたのです。新政府により酒造が免許制となり、製造に届け出と免許料が必要となってからも、芋やソテツなど手に入る様々な原料で自家用焼酎が造られていたといいます。

太平洋戦争で敗戦後、奄美群島《あまみぐんとう》は日本本土から行政分離され、米軍政府の統治下におかれました。本土との流通が制限され、泡盛の原料となる米は不足し、黒糖は売り先が無く余る一方。そんな中、米の代わりに黒糖を造りに利用するようになりました。

戦後８年間の行政分離期を経て、昭和28（１９５３）年に奄美群島は日本へ復帰することができました。ところが、当時の酒税法では、黒糖を使った蒸留酒はラム酒などと同じスピリッツに分類されて、焼酎よりも約３割高い税を課せられてしまうことになりました。

酒造組合をはじめ関係機関は国税庁等へ陳情を行い、その結果、黒糖を焼酎造りに使用していたこれまでの経緯が考慮されることになりました。酒税法の特例通達により、一次仕込みに米麹を使用することを条件に、黒糖を使用した焼酎製造が奄美群島だけに認められたのです。

くっかるの島酒講座 その②

知ってる？ 焼酎の種類

焼酎って
どうやって造るの？
くじら
くっかる
1
焼酎造りは
大きく分けて2種類あるのよ
2
焼酎は製法の違いで
「連続式蒸留焼酎（甲類焼酎）」と
「単式蒸留焼酎（乙類焼酎）」の
2種類に分類されます
3
単式蒸留のうち、
砂糖などの添加物が
一切入っていないものを
「本格焼酎」と呼びます
4
なんだか難しいけど
どんな違いがあるの？
5
味でいうと連続式蒸留焼酎はクリアな味で
割りものなどの邪魔にならない焼酎
単式蒸留焼酎は香りやコクなど
原料の風味が強い焼酎
6
黒糖焼酎はどっち？
どっち？
7
黒糖焼酎は
単式蒸留の本格焼酎
黒糖焼酎の豊かな風味は
米と黒糖から生まれるの
8

くっかるの島酒講座 その③

黒糖焼酎ができるまで

洗米・蒸米

原料米を浸漬(しんせき)して
洗米後水分を切って蒸す

1

製麹(せいきく)

米に麹菌を散布し、35〜40度に保ち
40〜45時間熟成させる

2

一次仕込み

熟成した麹に水と酵母を加え
5〜7日置くと発酵しもろみとなる

3

黒糖溶解

蒸気で黒糖を溶かし液状にする
※常温で溶かす場合もあります

4

二次仕込み

一次仕込みのもろみに黒糖液を加え10〜14日
発酵させるとアルコール分が14〜16度となる
※固まりのまま黒糖を加える場合もあります

5

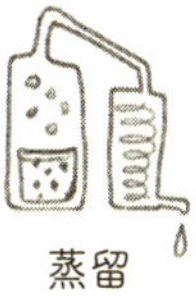

蒸留

熟成した二次仕込みのもろみを
蒸留機で蒸留する

6

貯蔵

不純物を除去しタンクに貯蔵する

7

割り水・瓶詰め

商品に応じて25度や30度等に
割り水をして瓶詰めする

8

※蔵によって各工程に違いがあります。

くっかるの島酒講座 その④

麹・酵母・発酵ってなに？

「麹菌」と「麹」ってちがうの？
1
「麹菌」はカビの一種
2
麹菌を繁殖させたものを「麹」と呼んでいてお酒造りとかお味噌造りに使われているんですよ
なるほど
3
米麹の場合は蒸した米に麹菌をつけて温めてあげると菌糸が延びて米の中に入り込むの
4
「米麹」って呼ばれてるのはお米に「麹菌」を生やしたものなのね
= 米麹
そう そう
5
そう。麦を「麹」にした「麦麹」お芋を使った「芋麹」というのもあるのよ
6
「麹菌」は何をするの？
7
「麹菌」は原料の中にあるタンパク質から旨みを、デンプン質から甘みをつくってくれるの
8

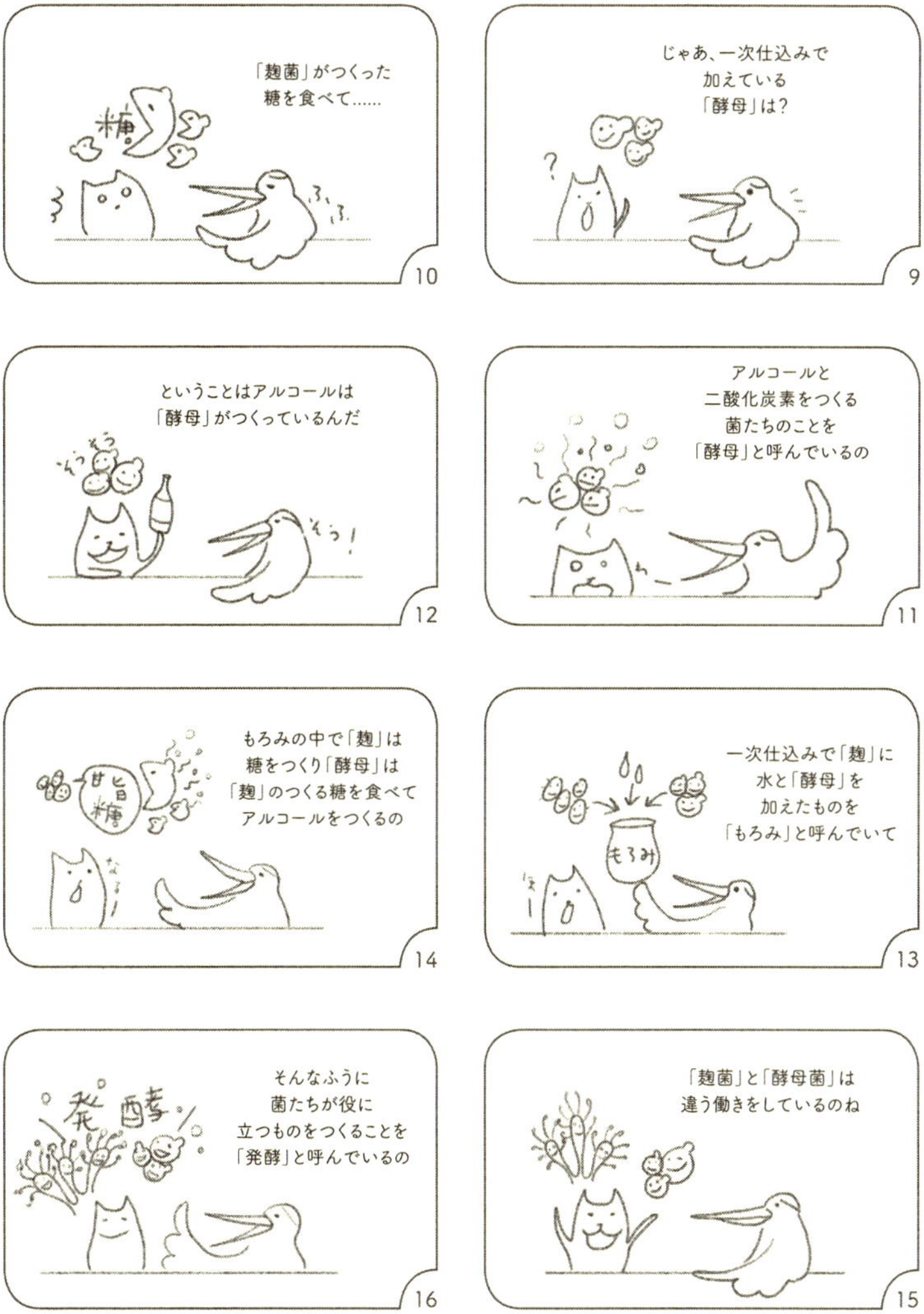
じゃあ、一次仕込みで
加えている
「酵母」は?
9
「麹菌」がつくった
糖を食べて……
糖
10
アルコールと
二酸化炭素をつくる
菌たちのことを
「酵母」と呼んでいるの
11
ということはアルコールは
「酵母」がつくっているんだ
12
一次仕込みで「麹」に
水と「酵母」を
加えたものを
「もろみ」と呼んでいて
もろみ
13
もろみの中で「麹」は
糖をつくり「酵母」は
「麹」のつくる糖を食べて
アルコールをつくるの
甘
旨
糖
14
「麹菌」と「酵母菌」は
違う働きをしているのね
15
そんなふうに
菌たちが役に
立つものをつくることを
「発酵」と呼んでいるの
発酵
16

くっかるの島酒講座 その⑤

黒糖なのにどうして糖質ゼロ？

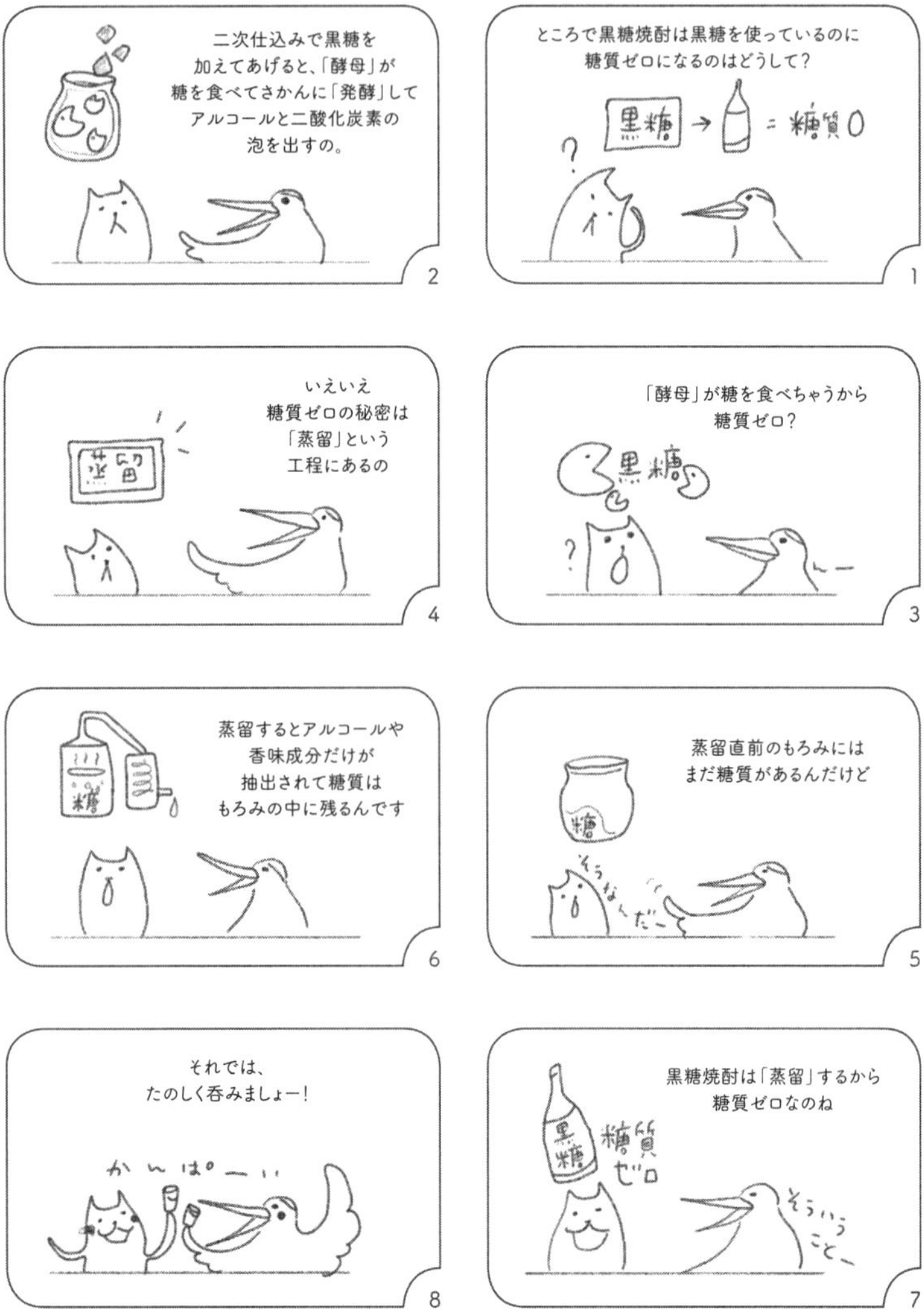
ところで黒糖焼酎は黒糖を使っているのに
糖質ゼロになるのはどうして？
黒糖 → = 糖質0
?
二次仕込みで黒糖を
加えてあげると、「酵母」が
糖を食べてさかんに「発酵」して
アルコールと二酸化炭素の
泡を出すの。
「酵母」が糖を食べちゃうから
糖質ゼロ？
黒糖
?
ん—
いえいえ
糖質ゼロの秘密は
「蒸留」という
工程にあるの
蒸留
蒸留直前のもろみには
まだ糖質があるんだけど
糖
そうなんだ〜
蒸留するとアルコールや
香味成分だけが
抽出されて糖質は
もろみの中に残るんです
糖
黒糖焼酎は「蒸留」するから
糖質ゼロなのね
黒糖
糖質ゼロ
そういうこと〜
それでは、
たのしく呑みましょー！
かんぱーい

黒糖焼酎 用具・用語辞典

※ここでは、黒糖焼酎の造りに合わせて説明しています

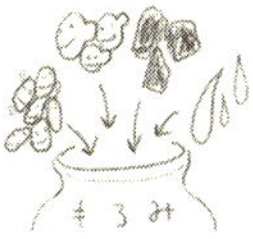

もろみ
酒造に用いるために、
麹・酵母・黒糖・水を混合したもの

発酵（はっこう）
微生物が、ある物質から
別の有用な物質をつくること

一袋（いったい）
黒糖は一袋（30kg）を
単位として取引される

仕込み水（しこみみず）
もろみの仕込みなど、
酒造工程で使用する水

割り水（わりみず）
原酒に水を加えて
アルコール度数を
調節する工程、それに使う水

杜氏（とうじ）
酒造りの最高責任者

米麹（こうじ）
米に麹菌を繁殖させたもの。
米のデンプン質を糖化させ、
もろみを腐敗から守る
クエン酸をつくりだす

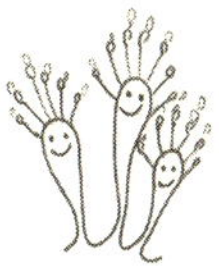

麹菌（こうじきん）
カビの一種で、焼酎造りに使われる
のは黒麹・白麹・黄麹がある
黒麹：暑さに強く、深く濃厚な
　　コクがでやすい
白麹：扱いやすい黒麹の変異種で、
　　風味はやわらかめ
黄麹：主に清酒造りに使われる菌で、
　　フルーティーさがでやすい

種麹（たねこうじ）
麹を造るときに種菌として用いる。
粒状のものと粉状のものがある

酵母（こうぼ）
糖分からアルコールをつくる
代表的な菌類を指す

櫂入れ

（かいいれ）

もろみを混ぜて発酵を
平均化させる工程

蒸留機

（じょうりゅうき）

単式蒸留機と連続式蒸留機が
あり、本格焼酎で使うのは
単式蒸留機

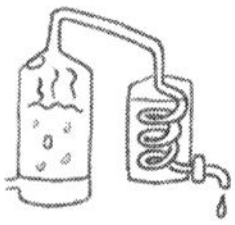

単式蒸留

（たんしきじょうりゅう）

蒸留の度にもろみを入れ替える
方式で、原料由来の香味成分を
抽出できる

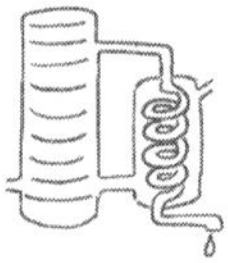

連続式蒸留

（れんぞくしきじょうりゅう）

もろみを連続して供給しつつ
アルコールを連続して蒸留する
方式で、高濃度のアルコールが
抽出できる

蒸留酒

（じょうりゅうしゅ）

もろみを加熱沸騰させて、
アルコールや香味成分に富む
蒸気を回収した酒

製麹

（せいきく）

蒸した米に麹菌を
繁殖させ、麹を造る工程

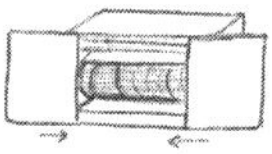

ドラム式製麹機

（せいきくき）

回転式のドラムで中身を撹拌し、
麹造りの工程を一貫して行える装置

三角棚

（さんかくだな）

麹を通風冷却しながら
麹菌を繁殖させるための装置

仕込みタンク

（しこみたんく）

もろみの製造に使う容器。
ホーロー製、ステンレス製、
FRP製がある

仕込み甕

（しこみがめ）

もろみの製造に使う陶器の甕

甕仕込み

（かめじこみ）

甕にもろみを仕込む製法

甕貯蔵
（かめちょぞう）
原酒を陶製の甕で熟成させる
貯蔵法。熟成が進みやすく
甕由来の豊かな風味がつく

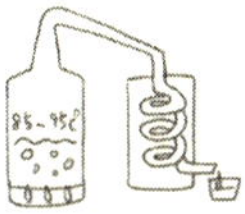

常圧蒸留
（じょうあつじょうりゅう）
常圧（＝1気圧）で
もろみを蒸留する方法。
沸点の高い香味成分が原酒に
入り、濃厚な風味の原酒になる

樽貯蔵
（たるちょぞう）
原酒を木製の樽で熟成させる
貯蔵法。原酒に樽の風味をつけ、
薄い琥珀色に色づける

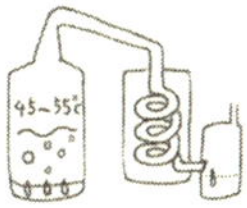

減圧蒸留
（げんあつじょうりゅう）
釜の気圧を下げて低い温度で
蒸留する方法。沸点の低い成分が
抽出され、軽めで柔らかい風味の
原酒になるクエン酸をつくりだす

本格焼酎
（ほんかくしょうちゅう）
単式蒸留で蒸留された、
砂糖などの添加物が入らない酒

原酒
蒸留によって抽出された、
度数を調整する前の焼酎原液

地域団体商標
（ちいきだんたいしょうひょう）
地域ブランドを守るための制度。
「奄美黒糖焼酎」も地域団体商標
に登録されている

初留
（しょりゅう）
もろみを蒸留して最初に出てくる
原酒。アルコール度数は60度
ほどあり濃厚な風味

貯蔵タンク
（ちょぞうたんく）
原酒を貯蔵熟成させておく
ための容器。ホーロー製や
ステンレス製がある

あとがき

「くじら」こと、鯨本あつこ

「くじら」こと私はある日、黒糖焼酎の本を書くことになった。

私は2010年に立ち上げた離島経済新聞社という離島専門メディアで編集長を務めており、その関係で、全国の離島地域(国土交通省の定めでは、北海道・本州・四国・九州・沖縄本島の5島を本土といって、本土以外の島が離島と呼ばれている)について、ほかの人よりは少し詳しい人間として、「島」をテーマにしたイベントなどで、お話しさせていただくことがある。その日も、西日本出版社から発行される瀬戸内海の離島本のトークショーで、大阪の紀伊國屋書店本町店でひとしきりおしゃべりした後、近くの居酒屋で打ち上げに興じていた。

九州出身の私は、居酒屋では焼酎をいただくことが多い。なので、その日も芋焼酎を飲んでいたところ、お向かいに座っていた西日本出版社の内山《うちやま》さんに「黒糖焼酎本、書かへんか?」と声をかけられ、一寸の間も待たずに「いいですね〜」と二つ返事で引き受けた。

なにを隠そう、私はお酒が大好きだ。祖父も祖母も父も母も、みんな揃って大酒呑みのサラブレッド家系に生まれたことも幸いし、飲んでも良い年頃になってからは、妊娠出産期をのぞいては毎日飲んでいた。だけど、それだからといって、「黒糖焼酎」という局所的なテーマで本を書くとは思ってもみなかったし、そもそも長い本を書くのはこれがはじめてになるので、はじめて出す著書のテーマがお酒になるとは夢にも思っていなかった。

打ち上げの居酒屋から、ディープなバーに席を移したあとも内山さんは熱く語っていた。

「奄美《あまみ》の本を出したいねん」

あまり知られてないことだが、黒糖焼酎というお酒は酒税法で「奄美群島《あまみぐんとう》だけでしか造ってはいけない」と定められている。だから、黒糖焼酎の本を書くことはイコール、奄美群島の本を書くことでもある。確かに私は、一般の方に比べれば島に詳しい。そしてちょうどその頃は、離島経済新聞社の仕事で奄美の島々を訪ねはじめていたので、奄美群島の情景を思い浮かべながら、内山さんの話にふんふんと頷いていた。

内山さんにしてみれば、普通の人よりも島に詳しくて、焼酎をかぱかぱ飲む人間が目の前にあらわれたもんだから、頭のなかで何かがぴぴんとひらめいたのだろう。ただ、酔っ払いどきの口約束を現実にするのは、無鉄砲者のやることではないか。しかし、そういいながら自分の人生を振り返ると、なんのこっちゃない、酒場ではじめて会った人との口約束で就職を決めたり、仲間と酒を飲み交わしながら離島経済新聞社を立ち上げたりしている。お酒の神様に従えば、きっとこの本を書くのも運命だと思い、後日、内山さんの執筆依頼を正式に快諾した。

それから3年。奄美の島々に度々訪れながら、ようやく本にまとめることができかけているが、取材を進めれば進めるほど、なかなかの隙間に立ち入ったことに気がついた。

まず、黒糖焼酎はお酒の分類ではその名の通り「焼酎」である。実家のある大分県は麦焼酎のメッカであり、家の近所にも麦焼酎の醸造所があったので、焼酎という飲み物は、社会のなかで比較的ポピュラーなもんだと思っていたが、その手の統計データをみると、日本で消費されているすべての酒類のなかで、焼酎のシェアはわずか1割程度。意外なほど少なかった。

今でこそ、東京の居酒屋で芋焼酎を注文するのは普通だが、2000年代前半に東京で「芋焼酎」を注文した時には、店員さんに「芋？ありませんよ」といぶかしげな顔で断られた。当時、福岡で仕事をしていた私は、どんな居酒屋にも芋や麦があるもんだと思っていたから、芋がないことに衝撃を受けた。

それから間もなく芋ブームが起こり、福岡市内のスーパーに山積みされていた「くろきり」こと黒霧島が一気に品薄になった。くろきりといえば、いまでは焼酎業界のトップに君臨しているらしい。

そんな焼酎業界には、黒糖焼酎のほかに麦、芋、米、そばなどがあるわけで、その割合を見ていくと、麦が55％、芋が19％、米が17％、そばが6％らしい。まてよ、この4つを足すと、すでに97％ではないか。それじゃあ黒糖焼酎は……というと、わずか1・8％！ビールもワインも日本酒もチューハイも含めた、日本中のお酒のうち、1割シェアの焼酎のなかの1・8％。なかなかクールな数字だった。

正直、私は不安になる。麦王国に生まれ、芋焼酎に育てられ、黒糖焼酎にもお気に入りの銘柄はあるが、希少すぎやしないだろうか？　そう思って調べてみると、黒糖焼酎だけについて書かれた本もないようだし、奄美群島だけを紹介する本も、まだまだ多くない。

離島経済新聞が対象にしている「日本の離島」にはおよそ60万人が暮らしていて、日本の人口1億2000万人のなかでは5％ほどである。あまりにニッチなので、どうして離島に注目しているかと聞かれることも多くて、あまり聞かれるから、ＴＥＤｘＴＯＫＹＯでプレゼンテーションをすることになったときも、どうして離島なのか？　をとうとうと語らせていただいた。かいつまんで説明すると、離島地域は本土と離れているからこそ、希少なものが残っていて、それらは本土と離れているせいであまり知られてないこともあるけど、ものすごくすばらしいものだったりする。離島経済新聞社の仕事を通じて、私はそのことを実感してきるから、今でも飽きることなく島々のことを追いかけているのだ。見つけやすいところにある宝は、あくびをしてたって見つけられる。しかし、見つけにくいところにある宝は、意思を強く持って開拓しなければ見つけることができない。ニッチなメディアであるが、やり続けてきて島に暮らしている人や、島を好きな人や、興味のある人の姿がようやく見えてきたことだし……。

いや、しかしそれにしても黒糖焼酎とは。離島経済新聞社で鍛えてきた肌感覚では、一般的には「離島といえば沖縄」と思っている人は少なくないし、「奄美ってどこ?」と聞かれることもある。わたしは奄美群島が大好きだけど、知られていないもので、かつ、シェアの少ないものの良さを伝えることは、なかなか力のいる仕事である。

「奄美群島は面白いし黒糖焼酎も美味しいけど、知らない人に伝えるのはなかなか至難ですね」

「だから出す意味があるねん」

「焼酎のなかで2%弱ですよ」

「世界のなかの日本酒のシェアくらいやな」

なるほど。世界のなかの日本酒シェアであれば、海外で巻き起こっている日本酒ブームをみると、黒糖焼酎ブームが起きないとは言いきれない。広報宣伝の頭で考えると不安は残るが、奄美群島も黒糖焼酎も、まだまだ知られていないだけで、ものすごい魅力を秘めていることは、十分なほど理解している。

「だから出す意味があるねん」

内山さんの想いを引き継ぎ、黒糖焼酎の世界を書き綴る決心がついた。

そうして思いを決めたら決めたで、今度は欲がでてくる。せっかくなら読んでくださった方に、奄美群島や黒糖焼酎を知らない方には、それらの魅力を感じて欲しいし、すでに詳しい方なら、より好きになって欲しい。お酒の話なら、専門知識を持つ方も読むかもしれないが、私には専門知識が足りない。そこで、私は社内にいるお酒のプロを誘うことを思いつき、「くっかる」こと石原みどりさんに声をかけた。

それから書きはじめたはいいが、この原稿はこれまで書いたどんな原稿よりも難しかった。というのも、はじめて出す書籍であることや、これまでお世話になった奄美群島の方々の顔が、ぽこぽこと浮かんできて、なかなか前に進めなかったのだ。筆を止めるたび、締め切りをのばしていただき、どれだけたくさんの方にご迷惑をおかけしたことか。この場を借りて感謝とお詫びを申し上げます。

ひとりの島好き、酒好きとして、ようやく世に出すことができたこの本で、同じく島好き、酒好きのみなさんが笑ってくれたら幸いです。

あとがき

「くっかる」こと、石原みどり

先ずはこの本を手に取ってくださった皆さんに、お礼を申し上げます。ありがとうございます。

この本のなかで私が担当した「くっかるの酒蔵紹介」は、この本をつくった２０１６年からさかのぼること5年前の２０１１年、私が鹿児島県酒造組合奄美支部（以下、酒造組合）に所属していた際に、奄美群島《あまみぐんとう》の黒糖焼酎蔵を取材した内容が下敷きになっています。組合在籍時は、1年間をかけて奄美群島の焼酎蔵と共同瓶詰会社、リキュール製造会社合わせて全28社（当時）を訪れ、造り手さんに創業の歴史や造りの工夫などについて話を伺い、蔵の機材などを撮影させていただきました。

当時、各蔵の歴史については、詳しく記録が残っている蔵もあれば、代替わりしてよく分からないという蔵もあり、取材に行って「じいさんがなんかこんなこと言うとったけれど……」と言われることも。そこで、史実に迫るべく、各市町村史誌をはじめ、酒造組合の古い台帳や各種文献をあたっていきました。島々の学芸員の方々にもご協力をいただいて、学校の記念誌などを調べていただいたり、昔のことを知る方々に聞き取り調査をしていただくなど、八方手を尽くして情報を集め、記事としてまとめることができました。

その時の記事は、酒造組合のホームページに「奄美黒糖焼酎蔵巡り」として公開されています。こちらは5年前に取材したもので、原料や製造法に変化があったり、造り手さんの交代などがあり、今では少し実際と違っているところもあります。今回は本を書くにあたり、新たに各蔵を取材し直しています。いずれ組合のホームページの方も、記事を書き直したいと思っています。5年前の取材と、今回の追加取材にご協力をいただいた、奄美群島の各蔵の皆さん、酒造組合、各島の博物館の皆さん、貴重なお話を聞かせていただいた皆さんに、お礼を申し上げます。

そして「くじら」こと鯨本あつこさんに、「ありがとう」と「おつかれさま」を申し上げます。バイタリティ溢れる鯨本さんにグイグイ引っ張り込んでもらわなければ、自分ひとりでこのような本を形にすることはなかったと思います。書いている中で、奄美群島と出会った時のワクワクや、島の方々との想い出が蘇り、奄美群島と黒糖焼酎への想いがより一層深まりました。素敵な機会をくださって、ありがとうございました。お互いはじめての書籍づくりで、なんやかんや大変でしたが、本が出てしまえば、苦労話も笑い話。落ち着いたら、奄美のシマッチュのように「反省会」と称して飲みたいですね。

奄美の島々は、さまざまな香りに彩られています。海風が運んでくる潮の香り。野鳥や蛙の鳴き声で賑やかな、深い森のなかの香り。地下の洞窟に満ちている、太古の時の流れにつながる冷んやりとした空気の香り。炎天下の大地の温もりと、乾いた赤土の香り。サワサワと風に揺れるサトウキビ畑の、瑞々しくて青い香り。造り手さんたちが醸す黒糖焼酎の香りも、それらとともにあります。どうか奄美の島々の風に乗って、黒糖焼酎の香りが多くの方のもとへ届きますように。乾杯！

参考文献

『えらぶの西郷さん』和泊西郷南洲顕彰会（１９８８年）
『沖永良部島史』坂井友直（１９３３年　奄美社）
『鹿児島県立徳之島高等学校創立三十周年記念誌　蔵越が丘』（１９８０年）
『喜界町誌』（２０００年）
『月刊奄美大島縮刷版 上巻』（１９８３年　奄美社）
『ケンムンの島』島尾伸三（２０００年　角川書店）
『焼酎楽園 ｖｏｌ・11』（２００３年　金羊社）
『知名町誌』（１９８２年）

『徳之島町誌』（1970年）
『本格焼酎産地の形成史概観』熊本学園大学産業経営研究所（2002年）

取材協力

鹿児島県酒造組合奄美支部／奄美群島の各蔵の皆さん／奄美群島時々新聞 編集員の皆さん（クロウサギ、ハブガール、やぎみつる、ワイド娘、ゆりメット、パナウル王子）／奄美群島観光物産協会ぐーんと奄美／奄美市立奄美博物館／鹿児島県奄美パーク 田中一村記念美術館／瀬戸内町立図書館・郷土館／酒屋まえかわ／瀬戸内酒販／あまみエフエム／ASIVI／郷土料理かずみ／居酒屋一村／Music Bar Good News《ミュージック バー グッドニュース》／創作キッチンbarくらふと／原ハブ屋奄美／NPO法人島尾敏雄顕彰会／Funky station SABANI／西商店／鹿児島県立徳之島高等学校／徳之島町郷土資料館／伊仙町教育委員会 社会教育課／やどぅり／徳之島なくさみ館／和泊町歴史民俗資料館／知名町役場水道環境課／Shimayado當／創作料理とうぐら／味処ふるさと／おきえらぶフローラルホテル／サロンバーエスポワール／昇竜洞／与論民俗村／サザンクロスセンター／ヨロン島観光協会／島酒dining HAPPY:D／柳田酒造合名会社／我那覇美奈さん／スティーヴ エトウさん／サーモン＆ガーリック／濱田洋一郎と商工水産ズ／パフュームさとし／丸野 清さん／平口いづみさん／前登志郎さん／山下芳也さん／麓 健吾さん／中山清美さん（順不同）

「くじら」

鯨本あつこ（いさもと・あつこ）

九州の内陸盆地にある水郷の里、大分県日田市出身。セツ・モードセミナー卒。酒場で声をかけられたことをきっかけに、福岡の地域情報誌の編集に携わり、以来、編集者、イラストレーター、コピーライター、広告ディレクター等を生業としながら、２０１０年に数名の仲間たちと日本全国の有人離島にスポットを当てるメディア、離島経済新聞社を設立（本社東京都世田谷区）。現在、ＮＰＯ法人離島経済新聞社のウェブメディア『離島経済新聞』、季刊新聞『季刊ｒｉｔｏｋｅｉ』の統括編集長を務めながら、奄美群島の島人がつくるフリーペーパー『奄美群島時々新聞』や、石垣島のクリエイティブエージェンシー「石垣島クリエイティブフラッグ」等、離島地域や小規模地域の事業プロデュースに関わる。２０１３年に本著の依頼を受け、妊娠出産の休肝期間を経て本著を記す。２０１５年より夫の地元である沖縄県那覇市在住。沖縄美ら島大使。趣味はもっぱら、人とお酒と考えごと。

「くっかる」

石原みどり（いしはら・みどり）

「くっかる」は、夏場に奄美へ飛来する渡り鳥リュウキュウアカショウビンの方言名。本籍地東京、北海道生まれ福島県育ち。三代前は江戸の鰹節問屋で、食べ物や酒の旨みと香りは大好物。筑波大学芸術専門学群卒業後、東京で働いていた時に奄美大島に出会って惚れ込み、７年間の島暮らしを経て帰京。奄美在住時は、鹿児島県奄美パーク、鹿児島県酒造組合奄美支部（以下酒造組合）、奄美群島観光物産協会などに勤務し、奄美群島の島酒や自然、文化を公私共に味わう日々を過ごした。２０１１年に奄美群島内の酒蔵全社を巡り、酒造組合の公式ウェブサイトに『奄美黒糖焼酎蔵巡り』を公開。２０１３年にＮＰＯ法人離島経済新聞社の指導のもと、奄美群島の観光コーディネーターらと『奄美群島時々新聞』を制作。２０１４年より離島経済新聞社で島酒やエネルギー関連の記事執筆や編集に携わるかたわら、焼酎ライターとして『本格焼酎＆泡盛プレス』（日本酒造組合中央会発行）で蔵巡り記事などを担当している。鹿児島県酒造組合奄美支部が認定する「奄美黒糖焼酎語り部」第７号。

くじらとくっかるの島めぐり

あまみの甘み あまみの香り

奄美大島・喜界島・徳之島・沖永良部島・与論島と
黒糖焼酎をつくる全25蔵の話

2016年8月25日　初版第一刷発行

著　　者　鯨本あつこ、石原みどり
絵　鯨本あつこ
発 行 者　内山正之
発 行 所　株式会社西日本出版社
http://www.jimotonohon.com/
〒564-0044 大阪府吹田市南金田1-8-25-405
[営業・受注センター]
〒564-0044 大阪府吹田市南金田1-11-11-202
tel 06-6338-3078　fax 06-6310-7057
郵便振替口座番号　00980-4-181121

編　　集　離島経済新聞社
デザイン　装丁 岡崎智弘、西本瑶(SWIMMING)
本文 officeのんのか
印刷・製本　株式会社シナノパブリッシングプレス

ISBN978-4-908443-02-2